▶现代女性要有一个人独行的勇气，一个人撑起生活的坚强，一个人也能拥有幸福生活的信心，然后当你找到真正的另一半后，你才会更加幸福。如果你一直对自己说：我是一个柔弱的女人，我时时刻刻需要保护，我是需要男人让我依靠的，男人应该为我的安全感负责……当女人这样想的时候，女人在亲密关系中感到不安全就是必然的，因为你的安全感是放在男人身上的，而不是抓在自己手上的。当一个男人不受你控制时，你就没有安全感了。你一定不想成为《我的前半生》中那个未离婚前的罗子君，对吗?

►妈妈是孩子的第一个守护者，也是孩子最信任的守护者。作为妈妈，你给孩子的每一点照顾，对孩子的每一次正面教育，都会被孩子接收到，并且印在孩子的心灵中、感受中，幼时妈妈提供的这种安全感，会影响他们一生。

►为什么现代人普遍缺乏安全感？因为我们活得太累，有太多的东西要担心：工作、婚姻、孩子、环境污染、食品安全……

►武志红曾说过，缺乏安全感的人“内心中有一股强大的力量，总渴望退行到婴幼儿状态”，如果做不到这一点，他们就希望把自己秘密地掩藏起来，从头武装到脚，好像这样就可以不被伤害。然而，逃避是换不来安全感的，它只会让他们的不安全感越来越严重。

►我们都曾经畅想过婚姻的幸福，然而婚后没有多少人能过上“王子公主”式的幸福生活。太多的家庭都被不安全感充斥，彼此猜疑、试探、嫉妒、争吵，越想让对方给自己安全感，就会把对方推得越远。

▶心灵孤独的人，往往没有安全感。孤独的人无法与他人建立情感联系，在哪里都找不到归属感；当别人欢笑打闹的时候，你却有一种被遗弃的感觉——你明明生活在这个世界上，却总是远离人群，这样的你，又怎么能拥有安全感？

▶职场中人人都有可能丢了安全感，你今天担心绩效不达标，明天担心领导对你有意见，后天担心工作有疏漏，职场上我们的安全感在哪里？事实上，只有你对自己的内心充满了自信，有明确的职业和人生规划，未来的日子才会一天比一天好，也才能拥有笃定的安全感。

跟不安的自己谈谈

何为安全感以及如何获得安全感

林笑松 著

台海出版社

图书在版编目（CIP）数据

跟不安的自己谈谈 / 林笑松著. -- 北京：台海出版社, 2017.9（2018.7重印）

ISBN 978-7-5168-1543-4

Ⅰ. ①跟… Ⅱ. ①林… Ⅲ. ①安全心理学－普及读物 Ⅳ. ①X911-49

中国版本图书馆CIP数据核字（2017）第212729号

跟不安的自己谈谈

著　　者：林笑松

责任编辑：王　品　　装帧设计：久品轩

版式设计：曹　敏　　责任印制：蔡　旭

出版发行：台海出版社

地　　址：北京市东城区景山东街20号　邮政编码：100009

电　　话：010－64041652（发行，邮购）

传　　真：010－84045799（总编室）

网　　址：www.taimeng.org.cn/thcbs/default.htm

E － mail：thcbs@126.com

经　　销：全国各地新华书店

印　　刷：北京柯蓝博泰印务有限公司

本书如有破损、缺页、装订错误，请与本社联系调换

开　　本：150×210　1/32

字　　数：102千字　　印　张：7

版　　次：2017年12月第1版　　印　次：2018年7月第3次印刷

书　　号：ISBN 978-7-5168-1543-4

定　　价：32.00元

序言　安全感只能自己给自己

不知从何时开始，几乎整个社会的人都开始没有安全感，于是人们开始了对安全感的狂热追逐。但是当我们真正去追逐的时候才发现，不管我们怎么努力，安全感离我们还是那么遥远，甚至让我们感觉永远都触摸不到。

我们不禁要问，安全感到底是什么？

是不是一个永远关心我们、爱护我们，并且永远也不会离开的男人？

是不是一个只属于我们自己的房子？

是不是拥有很多的金钱？

其实都不是。

来看这样一个案例。

文婷的生活让别人羡慕，在别人的眼中，没有比她更幸福的女人了。

她长相美丽，拥有别人羡慕的容颜和身材，有一个深爱自己的丈夫，拥有别人羡慕的房子和财富……

能够拥有这些，应该能让所有女人都羡慕了。文婷也曾经为自己拥有这些而感到满足，每天在微博、朋友圈中秀自己令人羡慕的生活，但是这都是一种表象，在她的内心深处，却拥有别人所不了解的不安。

她认为带给自己这一切幸福的就是自己的美貌，但是随着时间的流逝，自己终将老去，到那个时候丈夫是不是还会喜欢自己？自己还能不能住上这么奢华的房子，还能不能收获这么多的羡慕？

想到这里她就深感不安，于是她开始拼命维护自己的容貌，希望自己不要那么快的老去。她甚至不让自己的脸上有一个小疙瘩，因为这会让她陷入恐惧之中，因为她害怕这是自己老去的开始……

文婷应该是我们羡慕的对象，因为她的一切条件都让大多数人望尘莫及，这样一个人应该是很有安全感的。但是我们发现，即便是有这么优越的条件，在她的内心还是隐藏着深深的不安全感。

因此，我们说安全感和深爱自己的男人、房子、金钱等都没有直接关系，因为即便我们没有这些也可以获得安全感，而有了这些我们也不一定就能获得安全感。

当前社会上的很多人都将自己没有安全感的原因归结到自己没有钱这个问题上。

其实这个问题很好回答，一个人有了钱就有了安全感吗？我们会不会为自己的孩子担心，会不会为自己的人身安全担心，会不会为自己哪天破产了担心？有了这些担心，不安全感还是会存在的。

这样看来安全感我们似乎得不到了。

其实当我们在追求这些，希望从那些身外之物上获得安全感的时候，都忽略了得到安全感最重要的因素——自己。

的确，很多人在追求安全感的时候，总是希望能够从别人或者外物身上获得安全感，但是当我们真正去寻找，向他们去追求的时候才发现，原来他们真的没办法给我们想要的安全感，我们忽略的则是我们自己。

当我们把安全感寄托于身外之物，有时仿佛能满足，得到了安全感，其实这些都是暂时的安全感，并且会让我们慢慢陷入恐惧失去的更加不安的心理之中，这种暂时的欣喜与之后的失望，会成为反复折磨我们的利器。

安全感可以说是我们心理需求中的第一需要，也是我们人格中最基础的成分。这个心理需求要想解决，我们只有从自己找寻。

因为我们的心理只有自己能够掌控，别人只能施加影响，而安全感则是我们的心理问题，只有我们自己能够明白其中的道理和原因，才能最终解决这个问题。其他人对此无能为力，所以说，安全感只能自己给自己，向别人要是得不到的。

本书为读者详细介绍了什么是安全感，介绍了现代人为了得到安全感做了哪些努力，没有安全感的表现有哪些，我们到底应该怎样解决没有安全感的问题等。

希望通过本书，读者能够明白安全感到底是什么，知道自身不安全感的表现有哪些，并且能够找到获得安全感的渠道，这样就能解决自己的安全感问题，让生活变得更加美好。

目　录

第一章　什么是安全感

第二章　没有安全感时，你会做什么

第三章　让现代人不安的安全感

C o n t e n t s

C o n t e n t s

第一章

什么是安全感

1. 你有没有安全感?

不管是在生活中还是工作中，我们经常会听到有人这样说："你的行为让我没有安全感""我感受不到任何的安全感""谁能给我安全感"等。追求安全感已经成为现代社会绝大多数人的心理状态。

那么什么是安全感？怎样评估我们到底是不是缺乏安全感呢?

至于什么是安全感，我们会在下面的章节介绍，现在我们先来评估一下自己是不是具有安全感。

著名心理学家马斯洛对安全感有深入的研究，经过多年的研究他最终形成了一个调查问卷——《安全感—不安全感问卷》。现在我们就来看一下这个问卷，测试一下自己的安全感指数。

在进行测试前我们需要准备好纸笔，将自己的答案记录下来。在选择的过程中我们可以选择是（用Y代替），否（用N代替）和不清楚（用?代替）。

需要注意的是我们在进行选择的时候不需要努力去思考好坏，只按照自己的真实感觉来回答这些问题就可以了，一定要注意，必须是我们最真实的感觉。因为这样可以最大程度地展现出我们内心真实的一面，同时这也是我们了解自己内心的一次机会。

现在开始回答问题。

1. 通常，我更愿与人待在一起，而不是个人独处。

2. 在社交方面我感到轻松。

3. 我缺乏自信。

4. 我感到自己已经得到了足够的赞扬。

5. 我经常感到对世事的不满。

6. 我感到人们像尊重他人一样尊重我。

7. 一次窘迫的经历会使我在很长时间内感到不安和焦虑。

8. 我对自己感到不满意。

9. 一般说来，我不是一个自私的人。

10. 我倾向于通过逃避来避免一些不愉快的事情。

11. 当我与别人在一起时，我也常常会有一种孤独的感觉。

12. 我感到生活对我来说是不公平的。

13. 当朋友批评我时，我是可以接受的。

14. 我很容易气馁。

15. 我通常对绝大多数人都是友好的。

16. 我经常感到活着没有意思。

17. 一般说来，我是一个乐观主义者。

18. 我认为我是一个相当敏感的人。

19. 一般说来，我是一个快活的人。

20. 通常，我对自己抱有信心。

21. 我常常自己感到不自然。

22. 我对自己不是很满意。

23. 我经常情绪低落。

24. 在我与每个人第一次见面时，我常常感到对方可能不会喜欢我。

25. 我对自己有足够的信心。

26. 通常，我认为大多数人都是可以信任的。

27. 我认为，在这个世界上我是一个有用的人。

28. 一般说来，我与他人相处融洽。

29. 我经常为自己的未来发愁。

30. 我感到自己是坚强有力的。

31. 我很健谈。

32. 我有一种自己是别人的负担的感觉。

33. 我在表达自己感情方面存在困难。

34. 我时常为他人的幸运而感到欣喜。

35. 我经常感到似乎遗忘了什么事情。

36. 我是一个比较多疑的人。

37. 一般说来，我认为世界是一个适于生存的好地方。

38. 我很容易不安。

39. 我经常反省自己。

40. 我是在按照自己的意愿生活，而不是按照其他什么人的意愿生活。

41. 当事情没办好时，我为自己感到悲哀和伤心。

42. 我感到自己在工作和职业上是一个成功者。

43. 我通常愿意让别人了解我究竟是怎样一个人。

44. 我感到自己没有很好地适应生活。

45. 我经常抱着“车到山前必有路”的信念而坚持将事情做下去。

46. 我感到生活是一个沉重的负担。

47. 我被自卑感所困扰。

48. 一般说来，我感到还好。

49. 我与异性相处得很好。

50. 在街上，我曾因感到人们在看我而烦恼。

51. 我很容易受伤害。

52. 在这个世界上，我感到温暖。

53. 我为自己的智力而忧虑。

54. 通常，我使别人感到轻松。

55. 对于未来，我隐隐有一种恐惧感。

56. 我的行为很自然。

57. 一般说来，我是幸运的。

58. 我有一个幸福的童年。

59. 我有许多真正的朋友。

60. 在多数时间中我都感到不安。

61. 我不喜欢竞争。

62. 我的家庭环境很幸福。

63. 我时常担心会遇到飞来横祸。

64. 在与人相处时，我常常会感到很烦躁。

65. 一般说来，我很容易满足。

66. 我的情绪时常会一下子从非常高兴变得非常悲哀。

67. 一般说来，我受到人们的尊重和尊敬。

68. 我可以很好地与别人配合工作。

69. 我感到自己不能控制自己的情感。

70. 我有时感到人们在嘲笑我。

71. 一般说来，我是一个比较陌生的人。

72. 总的说来，我感到世界对我是公正的。

73. 我曾经因怀疑一些事情并非真实而苦恼。

74. 我经常受羞辱。

75. 我经常感到自己被人们视为异乎寻常。

回答完这些问题后，我们来对照一下自己的得分，计分方法是：与下面答案一样的记0分，不一致和不清楚的都记1分。

1. Y

2. Y

3. N

4. Y

5. N

6. Y

7. N

8. Y

9. Y

10. N

11. N
12. Y
13. Y
14. N
15. Y
16. N
17. Y
18. N
19. Y
20. Y
21. N或?
22. N
23. N
24. N
25. Y
26. Y
27. Y

28. Y

29. N

30. Y

31. Y

32. N

33. N

34. Y

35. N

36. N

37. Y

38. N

39. N或?

40. Y

41. N

42. Y

43. Y

44. N

45. Y
46. N
47. N
48. Y
49. Y
50. Y
51. N
52. Y
53. N
54. Y
55. N
56. Y
57. Y
58. Y
59. Y或?
60. N
61. N

62. Y

63. N

64. N

65. Y

66. N

67. Y

68. Y

69. N或?

70. N

71. Y

72. Y

73. N

74. N

75. N

现在让我们将所有的得分相加，看自己处于哪个阶段。

0-24分属于正常范围；

25-31分具有不安全感的倾向；

31-39分具有不安全感；

39分以上则具有严重的不安全感，即存在着严重的心理障碍。

看看我们处于哪个得分阶段，就知道我们现在的心理状态到底是具有安全感还是不具有安全感。

2. 安全感的定义和解读

无论是在网络上还是在现实生活中，我们总能听到很多人嘴里喊着需要安全感，但到底什么是安全感，可能绝大多数人都不知道。要想了解安全感，对安全感进行正确的解读，我们先来看一则案例。

小李和小王是大学同学，两个人在大学期间谈起了恋爱，无忧无虑的大学生活让两个人认为彼此就是相伴一生的伴侣。于是两个人毕业以后决定马上结婚，虽然遭到了家里人的反对，但是两个人还是坚定地走到了一起。

结婚以后两个人开始独自承担生活压力，这时候两个人才发现生活远没有自己想象中的那么美好。

先是两个人没有房子，因为选择在大城市工作，所以两个人的经济条件不允许他们拥有自己的房子。他们只能选择租房子住，而且这两个刚刚毕业的社会新人还只能选择租一个条件较差的房子住。

这让两个人的心理产生了落差，他们已经没有时间去做其他的事情，一门心思想找到一个好工作，多赚一点钱。但是现实又给他们沉重的打击，因为是刚刚毕业的大学生，不管是在经验上还是在其他能力上都相对缺乏，所以很多优秀的企业都不愿意接受他们。

为了生存，两个人只好先随便找份工作干着，随着时间的流逝，两个人的心理落差越来越大，原来想象中的美好生活现在不但没有过上，还每天不得不为了生活而早出晚归，为了柴米油盐而奋斗，于是两个人之间的感情变得淡了，时而还会发生争吵。

争吵爆发最为激烈的时期是小王怀孕的时候。小王不想要孩子，认为孩子是负累。但是小李希望要孩子，自己养不了可以给父母带，他认为慢慢一切都会好的，而小王认为隔代带孩子不靠谱，更无法接受让孩子成为留守儿童。

于是，一直积郁在两个人内心中的所有不满，直接被这个问题引爆了：每天开始不停地争吵，小王开始埋怨小李不能给自己想要的生活，不能给自己安全感；而小李则埋怨小王自私、要求太多。于是两个人的感情出现了巨大的裂缝，最终选择了离婚。

这样的事情在现实生活中并不少见：因为现实社会和心中的理想产生了巨大的落差，这种落差投射到他们的心里使得这种落差不断放大，最终导致两个人都缺乏安全感，直至关系破裂。

安全感是现代社会人们口中被提及最多的词语之一。那么到底什么是安全感，我们应该怎样全面地理解安全感？

安全感在百度百科中的定义是：对可能出现的对身体或心理的危险或风险的预感，以及个体在应对处事时的有力或无力感，主要表现为确定感和可控感。

现在我们来解读一下安全感。

先要说明的是，安全感并不是一个我们能真真切切触摸到的东西，而是一种感觉、心理。比如在婚恋中，就是一种一方给另一方的心理感觉，一方在另一方面前表现出的优秀，符合TA的心理，那么TA就会有放心、舒心、依靠、相信的感觉，并且会从自己的言谈举止等方面表现出来。

其次是安全感到底能不能产生是多方面决定的，而其中非常重要的一点就是让对方相信你。这一点很难做到，但是只有别人相信你，你才有可能带给别人安全感，否则安全感就无从谈起，因此信任是安全感中的一个重要因素。

从心理学来说，一个人要相信别人这是一个心理过程，而这个心理过程产生的每一步都非常重要。这是一个从认识到了解，从了解到认同，从认同到信任，同时还要考虑其他外界因素影响的过程。

最后是物质上的满足。物质不等于安全感，有时候太多的物质享受反而会让人感觉焦虑，但是物质层面的安全感也是非常必要的，因为一个人在物质上都无法保证的时候是最没有安全感的。只有满足了物质上的需求，才会关注精神上的感受，所以物质是安全感的基础。

这就是我们所要说的，安全感的表现主要包括两个方面，一方面是精神，一方面是物质。

从精神层面来讲，人们都想得到精神上的安全感，但是这非常难，而当一个人在精神方面得不到安全感，那么这个人就会更加关注物质，这是一种补偿心理，现在社会上的一些“物质女孩”就是这样的。

而从物质层面来说，当人们无法追求精神安全感的时候，物质安全感就是最基本的保障，而物质安全感仍然无法满足的时候，这个人就会彻底失去安全感。有一部分人最终会找到新的替代品来满足自己在安全感上的缺失，很多时候这些替代品可能是不健康的，带来的安全感也是不稳定的，比如酗酒、吸毒等。

其实每个人都希望自己能在物质上和精神上得到双重安全感，其中的一种路径就是结婚，婚姻是确定两个人关系的非常稳定的因素，因为它有亲友的祝福、法律的保障，所以很多人才会用结婚这种方式来提升安全感，这也是为什么很多人都认为结婚了就有安全感的原因。

我们不否认结婚确实能给一个人在心理上带来慰藉，很多时候婚姻也确实能够给人带来巨大的安全感。但是需要明确的是，婚姻并不一定等同于安全感，因为婚姻只是一种形式，而不是一种绝对的保证。

综合而言，安全感是现代社会人普遍追求的一种心理感觉，当前社会能带来安全感和影响安全感的因素有很多，但是想要得到真正的安全感却并不容易。

3. 安全感的“精神分析理论”

对于安全感，很多心理学家也进行了深刻的研究，这些心理学家们对于安全感的理解主要体现在精神层面。了解这些心理学家的安全感“精神分析理论”，对于我们正确认识安全感和最终获得安全感会有很大的帮助。

1.弗洛伊德理论

首先我们来看“精神分析大师”弗洛伊德的理论。弗洛伊德认为人在很小的时候就会产生各种焦虑，而这些焦虑会对自己的未来产生影响。

小孩子是逐渐成熟的，而在成熟的过程中，他在世界认知方面还不完全，所以就会出现诸如：个体弱小、自卑情结和男孩的阉割焦虑，而一个人在承受这些焦虑和刺激的时候本身会有一个界限。如果这些焦虑能够被控制在这个界限之内，并得到很好的解决和释放，那么这个人在焦虑上就会减轻，随着时间的增长，安全感也会变强。

但是如果这个人所接受的刺激超过了界限，人就会产生一种创伤感，随着创伤的增加整个人的焦虑就会增加，最终就会产生诸如“信号焦虑”“分离焦虑”“阉割焦虑”以及“超我的焦虑”等。

也就是说弗洛伊德的精神分析理论认为，冲突、焦虑和个人的防御机制等是成长过程中都会出现的心理状态。而这些心理状态之所以会形成，就是因为一个人在年幼到成年的阶段，在欲望的控制、满足等方面没有安全感造成的。

2.弗洛姆理论

弗洛姆是人本主义精神分析学家，他所关注的是整个家庭环境对于儿童人格的影响。

弗洛姆认为人在幼年时期，儿童完全没有生存能力，事事都要依赖父母，而父母会根据自身的认识给孩子施加各种禁忌和界限，这一时期的孩子虽然在自由上有时候会受到限制，但是安全感并不缺失。

随着逐年地长大，孩子也渐渐变得独立起来，拥有了自己思想，所以他们同父母的联系变得越来越少，而父母对他的限制变得越来越弱。也正是在这个阶段，孩子的安全感逐渐降低，因为在这个阶段孩子没有自保能力，又脱离了父母的保护。

在这时候他们要学会自己独立面对社会，现代社会给人的自由越来越大，但是这种被放大的自由导致人与人之间的联系日益减少，人在社会中就会变得孤独，会感受不到安全，这样人的不安全心理就会产生。

3.霍妮的理论

霍妮是一位伟大的女性心理学家，也是社会文化精神分析的代表，她的思想受弗洛伊德的影响很深，但是又有自己的独特见解，她曾在《我们时代的病态人格》一书中提出了“基本焦虑”这一概念。

所谓的“基本焦虑”，就是认为孩子在幼小时期有两种最基本的需要——安全感和满足感。而作为一个孩子，这两种需求的满足必须完全依赖于父母，但是父母不可能洞察孩子的心意，他们对于孩子基本需求的照顾都是基于自身的理解，最终导致的就是孩子“基本焦虑”的产生。

父母在对孩子进行教育的时候可能会出现这些情况，比如对孩子缺乏最基本的尊重，缺乏真诚的指导，对孩子表现出轻视或者给孩子过多的负担等。这些行为就会让孩子对父母产生基本的敌意。

但因为孩子完全依赖父母成长，所以他们只能压抑住自己的这些敌意，这种被压抑的心理需要得到释放，最终孩子选择的释放地点就是社会。所以孩子就会认为世界都是充满危险的，这就导致了不安全感的产生。

4.埃里克森理论

埃里克森是奥地利著名的精神分析学家，他曾经研究出了一套被称为“心理社会期”理论。这套理论把人生划分为八个阶段，每个阶段的人会有不同的认知和发展任务，最终的结果是对世界产生信任。

而最初的安全感是人在处于婴儿期的时候，如果这个人受到了父母的良好照顾，尤其是母亲一贯的良好照顾，那么婴儿就会在内心中生出一种舒适感和满足感，这就是最初的安全感，这样婴儿就会对社会产生最初的信任。

相反地，如果在婴儿期没有得到一贯的、良好的照顾，那么婴儿就会在内心感受到不安，这样他们就感受不到最初的安全感，也就不会产生对社会的信任。

以上四种理论就是众多关于安全感的“精神分析理论”中得到认同最多的几种。安全感作为一种心理，很早就被人们所重视和研究，从这些理论中我们不难发现，安全感从我们小时候就是存在的，并且小时候的安全感的形成对于一个人成年之后会有很大的影响。

但是这种影响并不是不可以改变的，随着人的认知的增加，还是可以通过一些手段进行改变，进而能够获得更大的安全感。

4. 安全感的“人本主义理论”

我们先来看这样一则报道。

2017年5月，在山东省济南市一所中学，高三学生小薇（化名）与同班同学发生争执，结果在教室内小薇被该名男生拳脚相向，男生甚至将小薇的头摁在桌子上进行多次撞击。

被殴打后，小薇去找老师寻求帮助，该男生并没有就此罢手，而是继续跟在小薇身后拍打其头部，导致小薇休克昏厥。更令人难以置信的是，学校老师在获知此事后并没有管教打人男生，相反却警告小薇，不要把事情告诉家长，更不要将事情闹大。之所以会这么说，是因为老师害怕事情闹大对自己和学校不利，之后还出言威胁说，一旦小薇将事情闹大，就会上报政教处给予小薇处分，并且这个处分会跟着档案走一辈子。

这件事情非常让人震惊，而我们从心理学角度也可以对女孩今后的心理做一些预测性分析：这件事情之后，女孩在学校很可能会失去安全感，因为她是在学校被打的，所以会对学校的学生甚至是其他人产生一定的隐性惧怕；其次是女孩被打以后去找老师，给自己的心理暗示是老师一定会帮助自己解决这个问题，自己会受到老师的保护。但是老师不但没有帮助她，还对她进行了威胁，这就对女孩心理造成更大的阴影，让她对一些本来可能给她带来安全感的“权威人士”也失去了信心，安全感进一步降低。

这些事情对于一个还在心理逐渐走向成熟的学生来说，一定会产生巨大的影响，并且这个影响可能会跟随女生一生，这是一件非常令人痛心的事情。

其实我们可以针对马斯洛“人本主义理论”中的需求层次理论进行分析。

马斯洛的需求层次理论分为五个方面：生理的需要、安全的需要、爱和归属的需要、尊重的需要和自我实现的需要。

马斯洛指出：人有吃饭、饮水等生理方面的需要，当这些需求大部分被满足之后，第二层次的安全需要就会出现。人就会寻求一个相对稳定的安全环境，随之而来的还有爱和归属的需要、尊重的需要和自我实现的需要。

马斯洛认为，心理安全感（psychological security ）是一种从恐惧和焦虑中脱离出来的信心、安全和自由的感觉，特别是满足一个人现在和将来各种需要的感觉。并且马斯洛还结合自己的临床实践，编制了《安全感—不安全感问卷》，也就是我们在最开始看到的问卷。

通过多年的研究，马斯洛得出了这样的结论。安全感是决定心理健康的最重要的因素，可以被看作是心理健康的同义词。那么有安全感和没有安全感的人，到底有怎样的心理表现?

来看看马斯洛的研究。

缺乏安全感的人经常会有这样的感觉：被拒绝，不被接受，认为自己受到冷落，受到嫉恨、歧视；常常感觉孤独、被遗忘、被遗弃；经常有危险和焦虑的感觉；并且会认为别人都是坏的、恶的、自私的、危险的，因此对别人抱有不信任、嫉妒、仇恨、敌视的心态，他们会有病态的自责，进而产生罪恶和羞怯感，而一切的起因就是他们缺少安全感。

但是具有安全感的人则会有这样的感觉，他们认为自己被人喜欢、接受，还可以从别人那里感觉到温暖和热情；他们非常有归属感，认为世界和人生都是惬意、温暖、友爱、仁慈的；所以在与别人相处的时候会有信任、宽容、友好、热情的感觉；他们坚定、积极，有良好的自我估价等。

总之，一个没有安全感的人表现出来的都是负面的情绪，并且这些负面情绪不但影响了自己，也会影响到他周围的人和环境；而一个有安全感的人表现出来的往往是正向的情绪，并且这些正向情绪也影响了他身边的人和环境。

通过以上分析，安全感与幸福感也紧密相连，我们很难想象，一个在生活中缺少安全感的人会觉得生活惬意幸福。

现在回到本小节的案例，我们会发现女孩处在“安全的需要”和“尊重的需要”两个层次，男生的行为本身就打破了安全的需求，而女孩在被殴打和事件后续处理中也没有得到相应的尊重，因此造成安全感缺失是非常正常的。

没有安全感的人往往会过于敏感，他们对于外界任何一个影响或者刺激，都会在心理上过度放大，有时候甚至会将这些影响引导到别处；拥有安全感的人会在心理上走向正面，他们对于外界的影响和刺激的反应基本都是正面的，自我认同感也会更高。

所以在研究的后期，马斯洛和另外一位著名的心理学家共同提出了一个心理健康的标准，而这个标准在第一条中就写道“要有充分的安全感”。

5. 安全感与神经症

生活在西南部某市的张女士近期状态非常不好，因为母亲病故导致她悲痛欲绝，在一个月的时间里她几乎就没有安稳地睡过一次觉。每天晚上在床上翻来覆去睡不着，这让她痛苦异常。每天睡不着的时候，她就想起母亲：她与母亲的感情非常好，因为出身于单亲家庭，从小的生活条件并不好，她一直清楚地记得母亲是如何辛苦地抚养她长大。

朋友劝她这样下去不是办法，应该从对母亲的怀念中走出来，多看看以后的生活。于是每天晚上的时候，无聊的她只能看一些心灵鸡汤类的文章，以此来寻找一点心理慰藉。但是不久以后，因为长期失眠导致了她出现心慌、头晕、胸闷、恶心的症状，甚至有时候站都站不住。

张女士并不是不困，而是非常困，甚至有时候困得要崩溃了，但是不管怎么困，就是睡不着觉。无奈之下，精神已经接近崩溃的她来到医院检查，开始认为可能是心脏有问题，于是吃了一些药，但是还是没有好转。

再次检查的时候发现，原来张女士并不是有心脏病，而是得了一种神经系统疾病，名字叫作神经症。这种症状会给人的身心造成严重的伤害，但是因为是神经性质的病症，所以没有特别好的药物能够治疗，只能重新规划自己的生活状态来调整。

从这则案例中我们看到了一个词叫神经症。那么什么是神经症?

神经症在百度百科上的解释是：神经官能症又称神经症或精神神经症，是一组精神障碍的总称，包括神经衰弱、强迫症、焦虑症、恐怖症、躯体形式障碍等，患者深感痛苦且妨碍心理功能或社会功能，但没有任何可证实的器质性病理基础，病程大多持续迁延或呈发作性。

那么神经症和安全感有什么联系呢？国外一位著名专家提出了两者之间的联系。

最早明确提出不安全感概念的是德国专家 Asdhaffenberg，他认为不安全感与神经症是有密切关系的，但是对于两者之间关系并没有具体阐述。之后心理学专家K. Schineider对两者之间的关系进行了进一步的分析。

他提出安全感是心理健康的基础，只有拥有了安全感，一个人才会有自信、自尊，才能和其他人建立一种相互信任的人际关系，才会积极地发掘自身的潜力，才会努力向前，正确看待世界和自己的成败。

但是他也提出，人的心理并不是非黑即白的，也就是说一些有安全感的人，在一定的情况下也可能会有没有安全感的情况出现。只要这种不安全感被控制在一定范围之内，不对一个人造成伤害，这就是可以接受的，也不会被当作一种病症。

而这种不安全感的存在，是许多心因性精神障碍最根本的人格基础，一个没有安全感的人，他们会表现出对人际关系的极大不信任，这种心理问题就会造成他们精神上的障碍，这种障碍就会发展成为神经症。

也就是说，这种不安全感的心理是所有神经症人的共同人格基础，一个人出现了不安全感，但是却找不到恐惧的对象，就会慢慢发展成为焦虑症。就像我们在上面案例中提到的那位张女士一样。她的这种焦虑症表现出来就是无法入睡，所以在解决的时候最主要的是解决这种心理问题。

你是不是也曾经历过这样的情况，在外出的时候，会很小心地将门锁起来，然后还会抓住门把手用力拉拽，看看是不是已经关好了门。

但是走出去不久，就在心里突然产生一种感觉，不知道自己是不是已经把门关好了，即便你清晰地记得已经关了，但是内心还是非常担心。更有甚者，一些人还会因为这种心理再次回去看看自己到底是不是已经锁好了门。

这就是一种强迫症，其实强迫症也是一种没有安全感的神经症表现，只不过强迫症的强度不同，导致的结果也不一样。如果这种强迫症并不严重，没有影响到我们的正常生活，那么就不会有事，但是如果很严重就需要进行治疗。

其实安全感与神经症在孩子身上表现得会更加明显，如果一个孩子从小就受到负面影响，得到的也都是负面评价，那么在他们的心里最渴望的就是得到别人的理解和赞同，他们就会很努力去做，但是可能他们越是努力，就越是做错。

这并不是他们的原因，因为他们受到的是负面影响，在心理上会出现一种习惯性地向不好的方面发展的意念。也就是因为这种情况的出现，导致他们在一些事情上会完全丧失自己，最终出现神经症的症状，而根源就是他们没有在父母和家庭中得到安全感。

综上所以我们不难发现，神经症这种精神上的疾病，其根源就是安全感，安全感是一种心理上的感觉，所以现代社会中越来越多的神经症病症应该学会从安全感这方面入手，看看能不能从安全感上寻找到良好的突破口。

第二章

没有安全感时，你会做什么

1. 总是害怕与别人关系亲近

在我们身边就有这样一些人，他们总是独来独往，总是害怕与别人的关系过于亲近，表现出来的行为就是“不合群”。其实这类人是心中存在恐惧的，他们害怕和别人交往，与人太过接近时他们的不安全感就会增强。

李林是一个不错的女孩，有稳定的工作、不错的收入，人长得也很好看，就是她自己也不知道为什么会成为大龄剩女。

李林并不是没有谈过恋爱，曾经也有过几个追求者，但是当她和别人交往的时候，总会很快出现问题，所以和别人的几次交往都无疾而终，没有一个持续时间长的。慢慢地，李林开始更加不愿意和别人接触，尤其是异性朋友。

但是随着年龄的增长，不但家里着急，李林自己也非常着急，希望自己能找到一个男友。无奈之下她听从了朋友的建议，在婚恋网站上注册，开始征婚。

当她浏览网站的时候，发现这里有成千上万的男士，顿时内心就无比慌乱；后来想到自己的信息要被很多人浏览到，她的内心就更加慌乱了，于是马上注销了自己的信息，不再到网上征婚了。

我们案例中的李林就是一个安全感缺失的典型例子：她害怕将自己置于公众的注视之下，习惯性地将自己放置在别人的背后，只有不被暴露在公众的视野中，她才认为自己是安全的，之所以会有这样的心理，就是因为她在公共场合感受不到安全感。

这种不安全感是他们逃避社会，逃避和别人建立亲密关系的原因所在。

那么是不是只有自身不够好的人才会有这样的不安全心

理呢?

其实不然，这种不安全心理的产生和一个人的个人条件没有必然关系。很多人都认为，出现这种心理的应该是颜值低、收入低，整体条件较差的人，但是在现实生活中却并不是这个样子。

很多缺少安全感的人恰恰是非常优秀的，他们具有很高的学历，本人也非常聪明，有的颜值也很高，收入也很高，甚至还有很不错的家世……但是即便拥有了这些，在他们内心中，还是不愿意和别人交往，跟人关系过于亲近时，他们还是会觉得没有安全感。

之所以出现这种情况，主要有这样两个原因。

1.由我们的交流方式造成的

当前我们正处在一个信息时代，人与人之间的交流和沟通更多依赖于网络，所以越来越多的人变成了宅男、宅女——即便我们不外出，也能够获得丰富的资讯，也会和很多人建立联系。相比现实中的交往，网络上的沟通交流更随意且无负担，习惯了这样的交流方式后，从线上到线下就有点不适应，很多人会心里自动开启回避模式，让我们认为只有独处才是安全的。

2.缺乏自信

缺乏自信就是自卑和恐惧，这种恐惧的表现就是害怕领导、害怕陌生人、害怕人多、害怕异性等。

缺乏自信的人很多时候并不是真的“不好”，只是TA在心中认定了自己“不好”而已，在别人眼中，TA很可能是一个很优秀的人，这样的人在我们的生活中并不少见。很多人都会在内心产生出不喜欢自己的心理，因为他们认为自己很多方面都不够好，这样的心理不但带来了孤独与恐惧，还带来了很多不必要的负面情绪，这种负面情绪多数源自于自己，但是最终会影响到别人。

我们静下心来想一想，身边其实就有这样的一些人，他们喜欢独自行动，但内心又非常渴望与别人建立密切关系，如果真的走近了一点，他们内心又充满恐惧，缺少安全感。他们会对自己的表现失望，会讨厌自己，这种情绪的存在，也会导致他们与别人在交往和沟通时会发生很多问题。因为我们的这种负面心理会直接表现在行为上，而这种行为对于人际关系则会造成极为不好的影响，这种不好的影响又会反过来影响到人的心理，就是这种恶性循环，让很多人深陷其中。

就像我们前面说的，内心产生的恐惧和负面情绪，很多都是我们缺少安全感导致的。在与人相处时，安全感缺失的你将会不安、拒绝、退缩、决绝，因此与人建立长期的情感联系也就成了一种奢望。

2. 安全感与焦虑症

焦虑症是影响范围非常大的一种精神类病症，之所以会产生这种精神类疾病，是因为我们对未知的事情感到无法感知、掌控。焦虑症如果严重，就会影响到我们的工作、社交、家庭等日常生活的方方面面。

美国的一项心理学调查显示，焦虑症已经成为当前人们的时代病，各种程度的焦虑症患者在人群中占比18%左右，而且人数还在不断上升。

其实焦虑症的重要根源之一，就是没有安全感。

因为当前社会变化快，让人们逐渐脱离了熟悉的环境、人群，生活压力也不断增大，这就增加了我们内心的戒备感和不安全感，于是越来越多的人因为安全感缺失而焦虑不安，焦虑症人群不断扩大。

我们先来看一则案例。

四川的张女士是一位全职太太，她最近身体很差，经常头晕，甚至有几次都差点晕倒，但是到医院检查时又发现她身体没有任何病症。原来张女士是在心理上出现了问题，这种问题已经发展成为焦虑症，并且是非常严重的程度。

张女士的丈夫开了家小公司，因为经济情况比较好，所以她一直在家中没有上班，孩子已经上学张女士还是在家做全职主妇，有时间就去打打麻将。

近段时间以来，张女士感觉内心出现了烦躁的情绪，并且越来越严重，慢慢地开始出现身体变差，她常常感觉心烦意乱。到医院检查了很多次，最后医生建议她去做一下心理咨询，去了才发现自己已经患上了焦虑症。

确诊后的张女士内心更不安，开始服用一些药物，慢慢地开始对药物产生依赖，只要不吃药就会感到不安。现在已经发展到不敢出门，不愿意与人交往，每天都很害怕很烦躁，没有安全感，严重影响了生活。

心理医生认为，张女士患上焦虑症是因为安全感缺失，原因有两个方面：（1）张女士婚前是做行政工作的，而且已经做到了部门经理，结婚后还与部分同事保持着联系，她自己很清楚地感觉到了全职太太和职场女性的差距，她也因为长期脱离社会而慢慢产生不安全感；（2）尽管张女士的丈夫对她很好，但是张女士还是觉得有些不安，她担心丈夫被外面的花花世界迷了眼睛，但是理智又告诉她千万不要把丈夫看得太紧，过分的怀疑也会带来恶果。这种矛盾的心情，使得张女士越发焦虑不安。

我们说安全感缺失会引发焦虑症，需要注意的是焦虑和焦虑症是不同的。

适当的焦虑对人们是有益的，如果我们对一些事情保持一点焦虑，有时候可以起到督促自己奋进的作用。比如，学生对自己的成绩有一定的焦虑，他就会刻苦学习，以此追求一种不落后于他人的安全感。

但是俗话说“过犹不及”，意思是做什么事情都不能过度，当焦虑太多的时候就会产生焦虑症，这将给我们自身和生活带来很多负面影响。

那么焦虑症有哪些表现呢？

1.选择性注意

在心理学中有一个词叫作选择性注意，意思是在外界诸多刺激中仅仅注意到某些刺激或刺激的某些方面，而忽略了其他刺激。比如，一个人感觉别人有敌意的时候，即便身边的人只是不经意地看自己一眼，他也能从中感觉到不尊重和挑衅。

他们还会为这种选择性注意寻找印证。当一个人具有这种态度和观点的时候，他会拼命地找到一些细节或者理由去证明自己的正确性。

比如，他会对别人说“你看他看我的眼神，里面就有嘲笑和轻蔑”，“我们去年为工作的事儿发生过口角，她从那时起就一直找茬”等，而那些不利于证明自己观点的因素则会被自动放弃。

2.将事情扩大化

过度焦虑的人在发现一些不利于自己的事情后，会迅速把事情扩大化，比如，当一个人看到别人在看自己，并且从对方的眼神中解读出不友善以后，马上就会建立这样的观点：“这个人一定是对自己有敌意，并且这种敌意还非常大，不能等对方先出手，自己应该先发制人”，于是就出现了口角冲突，极端的情况下还可能发生斗殴事件。这种情况，我们在公交地铁上屡见不鲜。

3.希望控制全局

过度焦虑的人在心理上还有一种倾向，这也是他们对冲突的“解决机制”，那就是要由他们来掌控这种局势。假设他已经认定了别人看了自己一眼是有敌意的，并且在心中已经将事件扩大化，为了能控制全局选择的一种方式就是率先攻击别人。

这种过度的自我保护机制也恰恰证明了过于焦虑的人内心没有安全感，因为总是觉得自己受到威胁，觉得自己会被攻击，才会启动这种保护机制。

4.逃避现实

当控制全局的保护机制不能奏效的时候，就会产生另一种保护机制，那就是逃避。比如，你认为对你进行了挑衅的人，是一个外表看着非常强悍的人，自己一定不是对方的对手，在保护心理的作用下，这个人就会迅速逃避，避免自己受到伤害。

焦虑症是安全感缺乏的一种表现，一个患有焦虑症的人，一定是一个缺乏安全感的人。正是因为安全感的缺乏，才会感受到负面影响，才会希望一切都在自己控制当中，才会在无法控制的时候选择逃避。

3. 不自控地向别人投射自己的负面情绪

有一些安全感缺失的人，他们时常感到孤独、空虚，当这些负面的心理无法排遣时，他们就将这种情绪投射给别人，自己不好也不希望别人舒服，一定要别人和自己一样痛苦，他们才会心理平衡。

李新和张楠结婚后生活很幸福，但是自从有了孩子以后一切都变了。

因为是外地务工人员，所以他们回到了老家准备迎接新生命，但是李新需要工作维持家用，所以张楠只能自己在老家待产。因为在大城市生活惯了，张楠回到老家以后各方面都有点不适应，再加上孕期的不适，双方的矛盾就此开始爆发。

爆发时间就是李新每次休息回家的时候，两个人之间总会因为一些小问题而闹不愉快，开始李新认为这是张楠因为怀孕导致的，只要孩子降生一切都会好的，但是问题远没有自己想象中的那么简单。

孩子出生之后，因为抚养问题，张楠又和公婆之间产生了新的、巨大的矛盾，她认为自己被抛弃了，感到孤独无助，没有安全感。

所以，每次在打电话或者回家的时候，张楠就开始向李新抱怨，每次都有不同的事情让张楠觉得气愤，而只要她一生气，马上就会给李新打电话抱怨并大发脾气。

而在交流中，张楠总是说李新在外边逍遥自在，自己在家中受苦，所以只要张楠不高兴，李新也不能舒服地在外工作，搞得李新每次都很无奈，两个人之间很好地谈过，也生过气、发过脾气，但不管怎样都不能解决问题。

现在的情况愈演愈烈，几乎到了不可调和的地步，让李新痛苦不已。

案例中的张楠其实心理上已经出现了问题，她认为自己过得并不快乐，所以干脆把自己的不安心理投射出去，让跟自己最为亲近的人也有一样的感受。

没有安全感的人会表现出各种症状，可能是恐惧，可能是焦虑，也可能是烦躁等，不管是哪种表现都会导致整个人处于消极负面的状态。而为了摆脱这种不安全感，很多人就会选择通过将负面情绪投射到他人身上来减轻自己的不安，这就是心理学上的投射效应。

投射心理几乎人人都有，男性和女性没有特别明显的差异表现：缺少安全感的人总是特别需要别人来理解自己、认同自己，这样才能够从别人那里获得安全感，不管所采取的方式是不是让人愉快的。

通常来说，安全感缺失的人可能会将自己的情绪投射到亲人、朋友、同事等熟悉的人身上，但有时候也可能是陌生人。

这种不安全心理在恋爱中的人身上表现得更为明显和彻底。恋爱中的人由于过分在意对方、在意这段感情，他们尤其容易缺少安全感。而一旦自己没有安全感的时候就会产生心理变化，他们会想方设法让对方了解自己的感觉，这样才能达到一种心理平衡，有了这种平衡才会有安全感。

比如，一个女人缺乏安全感，她就会通过折腾的方式来考验身边的这个男人是不是真的爱自己，她要一次次来验证和确认对方是不是真的爱自己；一个恋爱中的男人缺少安全感时，就会放大自己的疑心病，他会检查女友的微信、短信、QQ，看女友是否跟其他男人有联系，有时候还会对女友正常的社会交往进行干涉——像我们之前说的，一切都是个人安全感缺失在作祟。

生活中，我们看到很多恋人都会进行这样反复的试探，而且这种试探没有尽头，因为在他们的潜意识中，这样的行为才能带来安全感。一般努力试探的人，都是双方关系中的依附者，在一段恋情中处于弱势地位，也只有如此才能在对方身上找到自己的安全感。

但是他们完全忘记了一个重要的事情：安全感是自己给的，而不是别人给的。

不要找别人要安全感，因为别人无法给你带来真正的安全感，试想一下：将自己的幸福、人生、未来通通寄托在别人身上，你怎能在冒险的同时，又拥有充足的安全感？

4. 为什么有人喜欢用情感绑架别人？

在我们的生活中，经常会有这样的事情出现：

因为我爱你，所以你就必须爱我。

因为我舍不得你，所以你就不能离开我去别的地方。

因为我为你做饭、照顾家庭，你怎么就不能牺牲一点你的兴趣爱好？

因为我在你身上消耗了太多时间，因为我想和你结婚，所以你就绝对不能和我说分手。

……

从上面的陈述中，我们看到的是一个完全以自我为中心的人，他们想怎样别人就必须要怎样配合。这就是典型的用感情来绑架别人。从心理学角度来看，这种基于感情的绑架，很多都是因为他们内心中缺乏安全感。

我们来看这样一个案例。

在别人眼中，阿森有一个美满的家庭：自己开家居设计馆，有个贤惠的妻子和两个可爱的儿子。但就是这样幸福的一家人，没过几年也走到了终点。

原因就是阿森自己。原来在一次朋友聚会上，阿森认识了比自己小几岁的同乡女孩阿梅。当时的阿梅刚和男友分手并且还怀孕，正处在感情的低潮期。

出于对阿梅的同情，阿森帮助她联系了医院做了手术，并且还借给她一些钱，让暂时没有工作的阿梅渡过了难关。渐渐地，两个人的交往多了起来，最终越过了那条不该越过的线。面对青春活泼的阿梅，阿森几乎忘记了妻子的温柔体贴，忘记了儿子的全心依赖，他下定决心和阿梅在一起，于是选择了和妻子离婚，孩子归妻子抚养。

因为心存愧疚，阿森选择了净身出户。他在外面租了房子跟阿梅一起住，因为家居设计馆的生意已经交给了前妻，阿森只好在家做了一个自由设计师，虽然每个月收入不是很稳定，但是温饱还是没有问题的。他有大把的时间闲在家里，每天把阿梅照顾得无微不至，这让阿森内心充满了幸福。

但是好景不长，短暂的甜蜜期很快就过了。因为阿梅是年轻活泼的女孩子，所以喜欢参加朋友聚会，喜欢逛街游玩，经常很晚不回家，这让阿森很难接受。他认为自己为阿梅付出了这么多，而阿梅却不顾及自己的感受，这样冷漠地对待自己，而且身边还围着一大堆男女朋友。

于是他们经常爆发争吵，渐渐地两个人之间的隔阂越来越大，阿森觉得失去了安全感，而阿梅则觉得被束缚。终于有一次，两个人争吵后，阿梅离家出走，并发来短信要求分手。但是阿森心有不甘，几次试图挽回，阿梅则态度坚决，坚持不再和好。

最终绝望的阿森选择了痛下杀手，导致了一场悲剧。

案例中的阿森存在着严重的情感失衡：他原本拥有美好的

家庭，却因为一时鬼迷心窍背叛了妻子，以为能有一个新的美好开始，结果残酷的现实击碎了他的美梦，当他发现自己付出了那么多“代价”，却得不到他要的幸福、他要的安全感时，就彻底疯狂起来。

人与人之间的关系都是需要付出情感维持的，而这种维持达到最佳的时候就是双方的付出达到一种微妙的平衡，这种平衡是两个人之间关系继续的重要因素。但是我们又不得不承认，每个人都是一个独立的个体，而每个个体都有自己的独特性，所以会有自己的处事方式和原则。而在一段关系中，人与人的付出是不一样的，很多时候也是不平等的，而这种不平等的表现之一就是付出的情感深浅不同。

需要注意的是，我们所说的平衡并不是说双方在付出上一定要多少一样，而是一种相对的平衡，现实中可能一个人付出得多一点，一个人付出得少一点，但是只要控制在双方可以接受的范围内，这就是一种平衡。从心理学上来讲，这种平衡就是我们说的心理平衡，而这种心理平衡一旦被打破，问题就出现了。很可能是一方感觉自己付出的比别人要多，也可能是双方都认为自己比对方付出的要多，心理失衡的一方会因为再次追求心理平衡而做出反应，就会造成用情感去绑架别人的情况出现。

其实这种心理失衡带来的就是不安全感，也许很多人还没有察觉，但是通常在这种关系或平衡还在维持的过程中就已经有不安全感的存在，而当心理失衡出现时就会造成不安全感的加大。

5. 不知道为什么会具有攻击性?

攻击性是存在于人类社会的一个重要问题。心理学上认为，攻击性是指具有对他人有意挑衅、侵犯或对事物有意损毁、破坏等心理倾向和行为的人格表现缺陷，根据攻击的形式，主要可分为生理攻击、言语攻击、愤怒以及敌意等。

李某和刘某在同一所中学上学，李某读初二，而刘某读初三，本来没有交集的两个人因为一点小摩擦最终导致了不可挽回的结果。

一天中午放学后，李某和刘某分别到食堂去吃饭，在打饭的过程中，李某不小心踩了刘某的脚，双方因此发生了较为激烈的争执，进而发生了推搡。在同学和食堂管理人员的劝阻下，两人被分开，但在言语上继续相互攻击。

饭后刘某仍愤愤不平，他认为自己受了气，于是就打听到了李某所在的班级，约他晚上出来“解决问题”。下晚自习后两个人来到操场，就中午的事情谈判，但双方各不相让于是又发生了冲突，双方都受了点皮肉伤，约好第二天自习后继续。

第二天双方各自找了同学来助阵，见面后两边不由分说就动起手来，刘某因为害怕自己吃亏，拿了一把水果刀。结果，在冲突中刘某打红了眼，于是抽出水果刀向对方猛刺，很快李某一方就有两个人倒在血泊中，其中一人正是李某。

看到有人受伤流血后，刘某才冷静下来并感到后怕，同学帮忙打急救电话，刘某则逃离现场。最终李某因抢救无效，失血过多死亡，另一名同学重伤，刘某在家人的陪伴下自首，被警方拘留。

起因只是很小的一件事，但却因为不断的互相攻击，最终演化成一场悲剧。

案例中的两名学生都具有极强的攻击性，只是为了“踩脚”这样的小事打架就有三次，这过程中，无论哪一方稍退一步，事情也不会走向极端。为什么两个人会如此冲动呢？要想了解他们的心理，我们就需要知道人为什么会有这样的攻击性?

精神分析大师弗洛伊德说：人类具有攻击的本能。

弗洛伊德认为人天生具有攻击性，并且这种攻击性是不可能消灭的，因为这种攻击性是一种宣泄的渠道。

一个人攻击别人的过程就是一个宣泄个人情绪、恐惧的过程，宣泄会暂时降低攻击性，而这种攻击的本能再次提升以后，只要有愤怒作为诱因，又会容易出现攻击性行为。在社会生活中，如果遇到了包括袭击、挫折、竞争、模仿、社会规范等情况，都可能导致攻击性行为的发生。

愤怒的感觉很好理解，这是因为人遇到挫折或袭击之后就会从心里产生一种愤怒，当这种愤怒达到一定程度以后就会爆发出来，导致攻击行为的发生。

而攻击的反应则是一种自然反射，比如，我们在大街上走着，不知道为什么突然有人站在我们面前，给了我们一巴掌。那么一般人的正常反应是什么呢？自然是马上扑上去给对方一巴掌，这就是攻击性反应。

一个人的攻击性是由两个重要因素决定的，一方面是生理性的，一方面是社会性的。那么这种攻击性和安全感到底有怎样的关系呢？

这就要从心理学上来解释，生理性的原因是很难去除的，而相对来说社会性因素则是攻击性释放的重要原因。

其实一个人之所以会攻击别人，就是因为内心中的安全感平衡被打破，社会因素中袭击、挫折、竞争、模仿、社会规范都会导致人的攻击性，现代人越来越大的生活压力也加大了攻击性反应的强度。

以袭击为例，如果我们遭受别人的攻击，在心理和行为上会产生攻击别人的意愿，这是因为当我们受到攻击的时候，不管是身体上还是心理上都没有了安全感，这种不安全的意识指挥我们向对方发起攻击。

再比如挫折，在现代社会，任何人都可能遭遇挫折，挫折会对人的心理产生重要影响。一旦遇到挫折，我们马上就会在心理上产生不安的感觉，这种不安的感觉让人无法感受到安全感，一部分内心强大的人可能会通过自我成长来消除不安全感，而更多的人则会通过一些明显的或者隐性的攻击来化解。

有的人在人生中遇到了挫折，就会怨天怨地怨社会，总之周围的一切都不好、所有人都在跟自己作对，这种被社会抛弃的感觉直接造成了内心不安全感的加剧，一些性格极端的人就会通过报复社会来满足自己的安全感需求。

安全感和个体攻击性的内在心理联系非常明确，虽然不安全感不一定会带来攻击行为，但是几乎所有的攻击性行为其诱因肯定会包含不安全感。

第三章

让现代人不安的安全感

1. 你到底在担心什么?

现代人普遍缺乏安全感，这是当前社会的一个现实问题。现代人与社会及其他人的联系越来越少，生活压力、心理压力却越来越大，于是也就更容易体会到孤独和不安。

网络上有个段子，说现代人的安全感主要来自于两点：手机还有电、卡里还有钱。虽然是说笑，但是细想起来也颇有几分道理，“手机有电”提供的是一种精神上的安全感——我还能获取资讯、跟外界连接，我不是孤独的一个人；“卡里有钱”则提供了物质上的安全感——一定时期内我还可以温饱无忧。可惜在现实中，我们所要的安全感并没有这么简单就能满足。

林琳是某外企的MD（市场总监），今年33岁，平时热爱旅游，还没有走入婚姻，但是有不少条件优秀的追求者。在外人看来，林琳算是一个典型的“人生赢家”了：事业成功、财务自由、个人形象好……但是真的没有谁的人生是完美的，林琳自觉生活中烦心的事儿太多了：别人看着高高在上的好职位，其实让她每一天都如履薄冰。她担心新品的推广策略出问题、害怕区域市场配合不好、总是觉得对自己有不满的VP（副总裁）想把她架空；尽管有众多的追求者，但是她觉得那些人对她的感觉就跟市场交易差不多，都是看她条件合适而已，没有人会真心爱她、珍惜她，她不知道自己一个人要打拼到什么时候……

在这个社会中，安全感的缺乏是普遍性的，于是很多人花费了大量的时间精力寻找证明来满足自己的安全感——证明对方是爱自己的、证明自己人际交往是成功的、证明自己的生意是不会失败的、证明自己是不会丢掉工作的、证明自己在别人眼中是有地位的……

但是很多时候，我们就是在这样的寻找过程中出现了问题。

我们知道安全感就是一种控制和确定的心理。

你能够掌控的事情，能够确定的事情是不会在心理上有担心的，也就是说你认为是安全的，那么你就有了安全感，反过来也是一样，你就会失去安全感。

这也是一种投射心理。

投射效应就是将自己的特点归因到其他人身上的倾向。

这种投射心理就是在我们认知和对他人形成某一种印象的时候，在心理上自然而然地认为对方也具备和自己相似的认知。其实这就是将自己的情感、认知和仪式投射到了他人的身上，这也是一种认知障碍。

比如，我们对一个人有好感，于是就会想方设法地为对方着想；而事实上我们心中并不知道别人是怎么想的，但是就有那么一点认知，我对你这样好，你也应该对我这样好，这就是一种投射。

但是这种想法其实是很天真的，在现实生活中并不是你对别人好了，别人就一定会对你好，甚至你对别人的好在别人眼中并不是好，还有可能是坏。也因此别人对你的态度就会和你想象的不一样，这样你就无法掌控和确定，并且因此失去了安全感。

现代社会的人之所以普遍没有安全感，一部分原因是现代社会中的人对于自己身边的人和发生在自己身边的事都无法掌控，在心理上不确定。

比如对婚姻缺乏安全感，是因为我们将自己的美好愿望投射到另一半的身上，希望他们能像我们一样悉心对待自己，向我们付出感情。在这样的想法之后就开始找证据来证明，但是我们会发现，另一半对自己的感情并不是我们想象的样子，于是接下来就是愤愤不平和争吵，一部分人的婚姻也因此破裂。

生活中，像这样的事情还有很多。

我们外出吃饭的时候没有安全感，因为我们经常看到这样的信息：现在地沟油泛滥，地沟油对人的危害巨大，很多无良小餐馆都在使用这种油。于是我们形成这种认知以后，就会将想法投射到自己吃饭的餐馆上，认为它们都是不卫生的。

我们带孩子外出游玩的时候也没有安全感，因为我们总是接触这样的信息：某某孩子在大街上玩耍的时候被人抢走；某某孩子被抢走后遭受虐待，被迫外出乞讨等。于是这样的信息又影响了我们，开始尽量避免带孩子出门，担心孩子会受到这样的伤害。

我们在马路上行走的时候，看到有老人摔倒了不敢去扶，因为我们经常听到这样的消息：某某看到老人摔倒将其扶起，被老人讹诈；某某扶起老人后反遭诬陷，被迫赔款等。于是我们自然地就开始投射，害怕自己遇到这样的事情。

……

由于内心缺少安全感，我们将自己内心的担忧毫无保留地投射到社会的各个方面。之后我们从报刊、网络中发现，原来社会上有那么多不好的事情，食品安全、公共交通、经济金融……我们的不安全感又因此被进一步加深了。

现代人普遍缺乏安全感是一种社会现实，也是现代社会的一个潜在危机，它会让我们的社会还有我们变得浮躁不安，所以需要引起每个人的注意。

2. 哪些人最容易失去安全感?

安全感是一种心境，一种感觉，拥有它的人会过得很快乐，没有它的人会过得很压抑。当然，不同的个体对于安全感的掌控程度有很大差异，生活中有些特定类型的人，就是比其他人更容易失去安全感。

没有安全感的人主要分为这几类，我们分别来看一下。

第一类，回避社交的人群。

很多人在与人交往的过程中会表现出焦虑感，之所以有焦虑感是因为他们一方面渴望与别人建立亲密关系，但是又担心自己在社交中表现差劲，会被轻视，这种矛盾的情绪让他们的焦虑程度持续上升。

社交焦虑导致的直接后果就是回避社交、回避与人建立亲密关系。

这类人一般有这样的特征：性格过于敏感，表现出强烈的抑郁情绪；容易误读别人的语言或者非语言信息；容易产生自我攻击的情绪等。因此，他们容易出现强烈的安全感缺乏，因为他们恐惧人群又无法真正回避人群。

如果带有这种倾向，那么该如何调整呢？

学会表达。当我们认为被伤害以后，不要马上就做出规避的举动，让自己远离人群，这样只能让别人认为我们莫名其妙。最好的做法是将自己的观点表达出来，这样别人会了解你的感受，很多时候通过沟通也可以消除误会。

学会自我暗示。在我们的生活中，很多人说的话往往不是在故意伤害我们。所以当我们敏感地解读出敌意的时候，可以暗示自己：别人并不是这个意思，或者他们只是在和我们开玩笑，因为我们之间的关系很亲密。

第二类，与亲人关系不亲密的人。

亲人是与我们拥有天然亲密关系的一群人，从亲人那里，我们能获得很多支持和力量。但是也并非都是如此，生活中很多人往往跟亲人关系并不亲密，这类人也很容易被不安全感侵袭。

之所以会出现这种情况，是这几个原因造成的。首先是文化的影响，中国传统文化讲究含蓄的表达，对于亲人也不能表现得太过亲密，应该给予长辈的是尊重；其次是沟通模式的问题，在传统文化的影响下，很多家庭的沟通是有问题的——长辈和孩子之间缺少平等的沟通，更多是命令式的沟通和粗暴的干预；最后是对长辈的敬畏，这种敬畏让我们远离他们，不愿意与之建立更加亲密的联系。

如果确实是因为与亲人关系不亲密引起的安全感缺乏，那么就应该及时进行调整：（1）从今天开始，试着使用比较亲密的语言与亲人说话，多把你的关心用语言表达出来，你会发现亲人是乐于亲近你的；（2）循序渐进地拉近关系，多回家看看，多带亲人出去走走，在一些节日给亲人买点小礼物，适当用肢体语言表达你的亲近之意，慢慢地双方就能够建立起亲密的关系。

第三类，对异性感到恐惧。

你知道有一种心理疾病叫作“异性恐惧症”吗？尽管听起来有点不可思议，但是生活中真的有很多人被异性恐惧症困扰着。这类人有的对于异性有很大的抵触情绪，有的是不敢跟异性打交道，逃避与异性的接触。但是一男一女的小家庭是社会的基本组成单位，这是他们无法否认的事实。于是，他们的回避和恐惧，只能让他们的心中充满了焦虑和不安全感。

那么异性恐惧症人群该如何调整呢？

循序渐进地与异性打交道。最开始可以尝试去商场买东西，与异性营业员聊聊商品，或者向陌生的异性路人问路；接下来可以试着主动跟半生不熟的异性同事讨论一下工作。这样一次次的练习下来，你会发现自己跟异性讲话不自然的情况已经改善了很多。

试着把对方“同性化”。什么意思呢？就是放松下来，专注于你的接触目的本身，忽略对方的性别。具体做法是：在接近异性之前，深呼吸若干次，全身心放松，脑子里想一点愉快的事情。跟对方聊天接触的时候，在心里告诉自己“就跟同性相处一样”，用这种方法转移内心的紧张并尝试正常接触，在接触过后会发现其实对方真的没什么可怕的。

当我们做了这些改变以后可能就会发现，原来我们特别恐惧的事情其实没有那么可怕，能掌控自己的生活实在是一件太美好的事情，而与此同时，安全感也会重新回到我们身边。

3. 安全感来自母亲，价值观来自父亲

缺乏安全感成了当今社会的一个普遍问题，很多人都认为这是社会经济飞速发展造成的，其实这样的认识是片面的。社会因素固然是造成我们没有安全感的一个重要原因，但是还有一个重要原因一样不能忽视，那就是在我们成长过程中家庭对我们的影响。

孩子出生后接触到的第一个小环境就是家庭，家庭对我们施加的影响往往会伴随一生。现代心理学研究也指出，很多成年人的不安全感其根源就在于家庭。

我们经常会将父亲比作家里的山或大树，意思是父亲支撑着整个家庭，很多人就顺理成章地认为家庭的安全感应该来自

父亲。其实这种看法是错误的，在孩子的成长过程中，安全感并不是来自父亲，而是来自母亲，父亲更多的是提供价值观方面的影响。

是的，孩子小的时候最大的安全感来自于妈妈，比如天黑的时候，孩子会感到害怕，这个时候一定要妈妈哄，孩子才能安心睡觉。而一旦妈妈出现了问题，孩子一定会受到影响。我们先来看一则案例。

作为妈妈的林女士这段时间有些闹心。

林女士拥有一个幸福的家庭，虽然不像别人那样大富大贵，但是生活也过得很精彩。但是最近林女士觉得生活上和工作上都出现了问题。

首先是自己的工作，林女士虽然不是一个工作狂人，但是对自己的工作还是非常看重的。但是不知道为什么，最近她似乎遇上了瓶颈，工作经常会出现一些小问题，而领导对自己的状态也不满意，经常找她谈话，有时候还会对她提出批评。

而回家以后她还是不省心，因为不知道怎么回事，7岁的女儿这段时间脾气也非常不好，经常因为一点事情就发脾气，然后又哭又闹的，让本来已经很烦的林女士更加烦躁，她开始对老公发脾气。

又过了一段时间，林女士不得不求助于心理医生，她认为自己的心理可能有问题了。原来林女士开始还只是朝丈夫发脾气，但后来还朝女儿发脾气了，她越发脾气女儿越闹，女儿越闹她就越烦躁。现在女儿看到她就噘着嘴，以前那么乖巧的女儿也开始不听话了。林女士觉得不能再这样下去了，问题应该是出在自己身上，她不希望因为自己的原因让孩子性格扭曲。

心理医生在跟林女士谈过之后，又与林女士的女儿进行了一次谈话。最后他告诉林女士，她的女儿之所以会突然不听话是因为缺少安全感导致的。一开始，林女士脾气暴躁、口气生硬，女儿不知道为什么妈妈会这样对待自己，她既害怕又不安，所以在妈妈面前总想引起关注，并且希望妈妈不要这样。但是女儿的行为又引发了妈妈新一轮的暴躁情绪，女儿的安全感更低了，由于无法表达自己，就只能以生气等方式表示，最终女儿又对林女士产生了影响。这种恶性循环就这样产生了。

我们说，孩子最初的安全感大部分来自于母亲。那么为什么会是母亲，而不是父亲呢?

因为在孩子刚刚出生的时候，能够维持他们生存的是母亲，因为母亲要对他们进行哺乳。也正是这个哺乳行为，给了宝宝最初的安全感，所以对孩子来说母亲是很重要的守护力量。

而随着孩子的成长，妈妈开始考虑给孩子断奶，断奶这个行为在很多妈妈看来是一个非常艰难的过程，其实这一过程对孩子的心理影响更大。断奶之所以艰难，其实是让孩子在心理上解除了一道对母亲的依赖，这会给孩子带来极大的不安全感。所以在这个过程中，母亲要做好多次反复的准备，循序渐进地帮孩子断掉母乳。

孩子在成功断了母乳后，他们的不安全感会上升，但是随着妈妈的每日陪伴，这种安全感又会重新转移到妈妈的身上：一方面，孩子的不安全感需要寄托，另一方面，妈妈的每天陪伴会吸引孩子的大部分注意力。

细心观察一下就会发现，我们身边有很多已经五六岁的孩子，他们还保持着一个习惯，那就是吸吮手指。很多家长看到孩子的这种行为，就会强制性地把孩子的手拉开，或者责备几句，他们不知道其实这并不是孩子的什么坏习惯，也不是孩子有什么病症，是因为在吸吮手指的时候他们会有安全感。因此，如果你的孩子出现了习惯性吸吮手指的行为，你应该做的是给孩子更多的关心和陪伴，这很可能表明你的孩子有点缺乏安全感。

总之，就像我们所强调的，母亲给孩子提供的安全感对于孩子的健康成长非常重要，因为在孩子成长过程中如果能够从母亲这里获得充分的关爱，就能够拥有安全感，并且这种安全感会延伸到以后的生活中，这会让他在工作和生活中变得更自信、更积极。

但是如果在成长的过程中，孩子不能够从母亲这里得到足够的关爱，孩子就容易因为安全感缺失而变得怯懦、自卑以及敏感，这很可能导致他们对未来的生活失去信心。

因为从小安全感缺失而自卑，因为自卑而不愿意敞开心扉接触更多的事物，童年的心理影响了成年后的心理状态，这也是现代人没有安全感的一个重要原因。

4. 为什么女人更缺乏安全感?

女人经常说“我没有安全感”，当然，很多时候她们会用不同的语言表达：“你还爱我吗？”“你发誓你会一直爱我！”还有那个最经典的难以回答的问题：“如果我跟你妈一起掉河里，你会先救谁？”女人是感性动物，她们认为所有的事情都可能会发生变化，因而女人总是容易失去安全感，变得恐慌起来。我们不妨先来看一则案例。

范阳近来心情非常不好，因为从结婚到现在的这一年多时间里，她越来越没有安全感，她甚至认为自己的婚姻已经走到了尽头，这让她痛苦不已。

在结婚之前范阳认为自己会很幸福，但是结婚之后她才发现，原来自己仅仅是一厢情愿而已：范阳和丈夫结婚之后，她觉得慢慢地丈夫对自己好像不关心起来，每天忙着工作，对自己的关注明显变少了。并且丈夫也没有恋爱中那么大方了，不像以前一样，自己想要什么他就会毫不犹豫地买给自己。

不可否认的是丈夫对她还是很好，但是更不能否认的是丈夫对她确实没有恋爱中那么温柔体贴了。每次说到这个问题，丈夫总是说自己很累，说自己要挣钱养家，现在之所以陪伴她的时间变少，是因为要给她更好的生活。事实上，丈夫有时也会抱怨范阳不理解他。

接下来，两个人的婚姻状况似乎变得更糟糕了。范阳的闺蜜建议她多盯着丈夫，避免他“偷吃”，结果范阳还真的有所发现：有一次，单位新来的一个小助理晚上十一点多送喝醉的丈夫回家，丈夫酒醉之中还跟对方开了个小玩笑；还有一次，范阳在丈夫的微信中，翻到了丈夫跟一个陌生女人的聊天，尽管没有说什么过分的话，但是两人的聊天记录有好几页。丈夫解释说跟这两个女人只是正常的工作往来，有一个因为是差一级的校友，就互加好友说了几句，而且对方已经结婚了。范阳对于丈夫的解释并不满意，于是紧紧抓住问题不放，每次和丈夫闹别扭的时候都要提上几句，提醒对方不要做越轨的事。终于有一天，两人又一次口角后，丈夫丢下一句话："你如果这么不相信我，我们也没有必要继续一起生活下去了。"丈夫的决绝让范阳陷入了极度恐慌和痛苦之中。

从以上案例中我们不难发现，范阳是一个在心理上非常没有安全感的人，她希望丈夫永远维持婚前的体贴，时不时送点鲜花、小礼物来表达爱意，柴米油盐的淡泊生活让她觉得丈夫已经不再爱自己了，或者至少没有从前那么爱了。失去了安全感，她的表现也就"失常"了，她监控丈夫的生活，怀疑丈夫身边出现别的女性，结果又引发了双方更大的问题，给感情造成了裂痕。

范阳也是现代社会很多女性的真实写照，她们缺乏自信，对身边的事物有着不必要的担心，这种焦躁不安又让她们的生活出现了各种各样的问题。

心理学研究显示，女人对于安全感的依赖比男人更多。女人的自然属性是弱者，天生力气不如男人，是处在一个需要保护的角色里；数千年的男权社会，也让女性更加弱势，很多女性习惯于寻找一个保护者，将安全感寄托在男性身上。而在现代社会中，女性已经跟男性站在了同一个起跑线上，很多时候要跟男性一样打拼，甚至要更努力，这让她们觉得不安定、觉得孤单；而在感情上，女性比男性更向往天长地久，但是她们却发现世界发展得太快，速食爱情越来越多，很难说这其中有多少真心存在，于是她们总是担心这一刻还在身边发誓的男人，下一秒钟就会离开自己。其实女人应该建立这样的观念：安全感完全是取决于自己的，并不是需要靠别人来获得的。

还有另外一种理论，解释女人为什么总是在感情中缺乏安全感，我们下面来说一下。

女性在先天上是弱于男性的，这就意味着女性更加需要从男人那里得到依靠，但是当一个女人完全依附于一个男人时，她的不安全感也就出现了。

从物质方面来讲，处于热恋期的男女双方，男性会对于女性的物质要求毫不抗拒，因为这个时期的男人希望通过在物质上给女性安全感而最终得到她。

而从精神上来讲，处于热恋期的男女双方，男性会本能地生出保护对方的感觉，于是表现在语言上就是给女性天长地久的承诺。当然，这些承诺在当时并不全都是欺骗，相反的，很多都是在爱情涌动下发自内心的话，当然激情下的脱口而出的话多数也时效不长。

正是因为女性在物质上和精神上都得到了满足，双方才最终走到了一起。但是当这种热恋逐渐退去以后，双方都从这种感觉中冷静下来，才发现现实生活完全是另一种样子，这种落差导致了女性不安全感的集中爆发。

从心理学上来讲，安全感匮乏的女性在生活中总是表现得小心翼翼，给人一种怯生生的感觉；她们是孤独的，因为她们时时刻刻都需要保护自己，不能轻易将自己交出去，表现出来的就是过分客气疏离，很难跟人深入交往。她们中的多数人都认为将自己的心打开会让自己变得不安全，只有封闭自己才是安全的。这样做真的能帮她们获得想要的安全感吗？答案是否定的。这种“保护”反而让她们脱离了社会和正常的人际关系，安全感进一步流失，这也是一种恶性循环。

其实对于女人来说，即便我们有稳定的工作，有一个深爱自己的男人，但是内心中，可能还是会感觉到安全感缺乏。因为不管是稳定的工作还是深爱自己的男人，他们会给我们带来一定的安全感，却无法真正解决我们内心安全感缺乏的问题。

这是为什么呢？因为安全感并不是我们从别人身上或者别的事物中能够获取到的，安全感只能自己给自己，当我们的内心丰盈而强大，我们对于外界的依赖就会变得很小。外部环境只是外因，要想真正解决安全感缺乏的问题，还要靠我们自己在心中做出正确的调整。

5. 男人也会缺乏安全感

一说到没有安全感，人们马上就会想到女人，仿佛没有安全感已经成了女人的专利。但实际上并不是如此，因为当今社会女人缺乏安全感是事实，可男人一样也缺乏安全感，只不过在女人面前，男人们习惯性地将自己的这种安全感缺失隐藏了起来。

其实在现代社会中男人远远没有女人看到的那么有信心、那么强大，他们的内心也有软弱、不安等情绪，但是男人从小接受的就是刚性教育，家庭和学校都教育他们要坚强，男人不能哭，不能软弱等，也正是因为受到这种教育，男人才会将安全感缺失看成是一种软弱无力、“娘娘腔”的行为。

下面是一对情侣的心里话。

女人：我的长相比较普通，但是我的男友很帅，这让我感受不到安全感。

因为我身边的姐妹们都跟我说，帅哥是靠不住的，他们都很花心，对感情不忠诚，尤其是他们的另一半是一个普通女孩的时候，这让我也常常担心。

他做的很多事情都让我感受不到安全感，比如他微博的互动好友里，几乎都是长相漂亮的女生；每一次和我逛街的时候，我总是能够看到有女生朝他放电，而对此他总是表现得很享受、很得意的样子。

他这样的表现就是不顾及我的感受。最可气的是我们有一次去餐厅吃饭，他在我的面前竟然打量邻桌的漂亮女孩，这太过分了，所以我选择了和他冷战。

男人：我的理解完全不同。

我“被放电”证明我优秀，证明她很有眼光，我当然会高兴，因为这是对我的一种认可和夸奖。至于看其他女孩子，美好的事物总是吸引眼球嘛，但是我也仅限于看看，并没有其他想法，也没有背着我的女朋友做过其他事情，在我的眼中，我的女朋友可爱无敌。

你说，就为了这么点事儿，至于搞冷战吗？我们现在在一起已经有一年多的时间了，她却还是这样不相信我，这对我来说是一种打击，因为她的行为让我觉得她其实根本就把我看作一个花心的人，这对于我来说是一种轻视，这样的话我在感情上也没有安全感啊！

从两个人的自述中我们会发现一些问题：这段感情中，女方明显是没有安全感的，因为她对自己不够自信（将自己归类为普通女生），身边的朋友对她说的那些话也都在动摇她的自信，两人之间的颜值差距、男友的一些小细节，让她对这段感情失去了信心，患得患失。

而男方的不安全感主要来自于女方的不信任，女方的一再质疑，让他产生了自己在女方心中“人品很差”的感觉，这让他有点怀疑，两个人是不是能够一直相伴下去。

有一个常常被我们忽略的事实是，男人也会有不安全感——先天的情感不安全感，后天的经济不安全感。

在情感上，有很多男人是非常笨拙的，他们既不知道如何赢得女人芳心，也不知道怎样守护爱情。

相比女人，男人甚至更容易被感情伤害：女人被伤害后，她还可能继续对爱情抱着美好的期待；男人不同，如果在他成长的岁月中，被一个或数个女人伤害，他感性和柔情的一面会渐渐消失，一部分人对爱情变得冷漠，还有一部分人可能对女人抱有深深的怀疑，对海誓山盟嗤之以鼻，对女人采取怀疑和回避的态度。

此外，在感情上男人通常对妻子的忠诚度要求很高。我们经常听女人说一句话“男人太帅不适合结婚，因为太帅的男人比较花心”，这种想法来自女人的不安全感。其实在男人看来“太漂亮的女人不适合结婚”，这就是缺乏安全感的男人惯常的想法。他们担心女人太漂亮会吸引太多的注意力，怕自己被嫌弃，怕自己被抛弃。

于是，很多女人认为男人最注重的是外表。但心理学研究却指出，这样的认识是片面的：因为男人在短期的择偶中，确实比较注重外表，但如果是长期的择偶，那么男人更加注重的是女性本身的一些更为安定的特质。

男人在情感上的安全感匮乏，其实在很大程度上和女人很类似，两者的不安全感都是来自对方情感的变化。但是这种以对方为主体的安全感需求，肯定会带来更大的不安全感。

除了情感上的安全感，男人还需要经济上的安全感。

男人在经济上的不安全感，源于雄性之间天然的竞争态度、“男强女弱”的婚姻组合以及过于清醒的生活态度。

当前社会的家庭结构决定了男人对于自己的事业非常看重，心理学家研究表明，中年之前的男性对于事业成功的需求非常强烈，这一时期他们可能是自信的，特别是那些在事业上有所成就的人，不安全感通常是微乎其微的。但是，对大多数男性来说，他们只能是平庸的上班族，一旦在中年之前无法满足自己在事业上的追求，安全感就会迅速丧失。即使一部分经济较为稳定的男人，在遭遇中年危机后，也会产生经济上的不安全感。

其实对于一个男人来说，家庭和事业的平衡发展才是最终的目标。但是在现实中，两者通常是不可能达到一种稳定的平衡的，在事业上付出得多，情感上可能就会出现疏离；把心思都花在感情经营上，事业可能就会受到影响。这也是为什么现代社会中的男性也经常出现安全感缺乏的原因。

6. 现代人为什么会缺少安全感?

当今社会发展迅速，人们的生活水平大大提升，但是随之而来的是人们心中不安全感的与日俱增，在地铁上、餐厅中、办公楼里，我们总能看到那么多衣着光鲜、神情冷漠的人匆匆来去，当下不安全感正在成为社会人的一种普遍心理病。

2011年，《生命时报》对全国7个城市居民进行了一项安全感调查，结果令人震惊：受访者中仅有7%的认为自己“非常安全”；有40.6%的人感觉整个社会都“缺乏信任感”；35.4%的人觉得“安全感降低”。

年轻人通常对于社会中的食品、治安、交通、医疗、环境等诸多方面缺乏安全感，而老年人则担心就医问题。

陆云跟男友的爱情长跑进行7年了，即便男朋友已经和她因为这个问题沟通了多次，但是结婚仍然没有提上陆云的日程。

陆云之所以抗拒结婚，原因就是害怕婚后的生活。

陆云和男朋友都是从农村毕业来到大城市打拼的年轻人，当初怀揣梦想希望在大城市打拼出自己的一片天地，有车子，有房子，有事业，再有一两个可爱的宝贝。但是随着工作和生活的深入，他们才发现这样的梦想太过奢侈，几年下来不但没有实现梦想，两个人也仅仅能做到维持自己的生活。

陆云之所以不敢结婚，是因为他们没有房子、车子，更为重要的是结婚后会面临孩子的一系列问题。漂泊在大城市的她不希望自己的孩子重复自己的命运，不希望自己的孩子羡慕别人的生活，也因此她对结婚这件事情非常排斥。

陆云自己很清楚，排斥婚姻的原因就是因为没有经济上的安全感，因为她不知道自己今后的生活会怎么样，她认为没有一定的经济实力就无法好好教养自己的孩子。越是打拼心里越没有安全感，她认为自己的未来毫无确定性。

其实陆云面临的问题是现代社会绝大多数年轻人都面临的问题，他们在大城市打拼，但是从来都没有真正地融入这里。想回去，可是自己回去后根本什么都做不了，最终他们只能在这座大城市里漂泊。有时也想要扎下根来，但是又不得不面对一系列现实问题：孩子、票子、房子。

按理说，我们生活在这样一个物质生活较为丰裕、社会经济相对稳定、居民生活水平相对较高的社会里，应该安全感比较高才对，毕竟安全感的存在是以一定的物质条件作为基础的，但是事实却不是这样。现代人的心就像是海面的冰川，四处漂浮，不知何时是尽头，不知未来在何方，对未来始终有一种恐惧感，心始终绷得紧紧的。因为一直担心害怕，所以不敢有丝毫大意，不敢有丝毫放松，生怕一下子就消亡在茫茫海面。这就是现代人的心理写照，他们每一天都如履薄冰，走得艰难、走得忐忑、走得犹豫，生怕自己一步跌入万丈深渊，生怕自己将一无所有，这种不安全感始终笼罩着他们。

从社会因素上来看，现代人安全感缺乏主要由以下几个原因造成的。

1.生活圈的不断扩展

在二三十年前，我们的生活圈几乎是固定的，就是身边几里范围——亲人、同事、同学、朋友，每个人的小圈子都很紧密，相互之间很熟悉。但是随着社会的发展，人们的圈子不断扩张，原本的熟人圈子瓦解，我们又亲手为自己打造了一个大圈子——几年一换的同事、不停变动的客户、只在网上互动的网友……陌生在人与人之间制造了信任障碍，这种障碍导致了不安全感的产生。

2.不确定性的增加

在过去，人们的生活几乎都是一样的，大家一起劳动，一起吃饭，每天的工作几乎都是重复的，也是可以预见的，所以对于这种可以预见的生活，人们的内心安全感很高。但现代社会是一个充满变数的社会，一个人几乎能在短时间内就产生翻天覆地的变化，一件事情很可能很快会出现意想不到的变化。我们的生活被平添了很多不确定性因素，于是人们因为未知的事物、不确定的未来而产生恐慌、产生不安。

3.自媒体引发的不安全感

自媒体时代每个人都是新闻的采集者，也是新闻的受众。在自媒体中能抓住社会大众眼球的多数是负面信息，新闻上每天都有那么多人被害、被骗、被抛弃，这种负面信息的迅速蔓延，是导致人们内心不安全感增加的重要原因。我们必须认识到，人生本来就不安全，外在的物质如果愿意付出努力，那么多少都会有收获，最难把握的反而是自己的内心。也就是说，我们内心的感知和经验，我们的心态和需求，这些都是要靠自己的，靠别人是给不了的。很多时候，我们还要学会理解并接受这种不安全的感觉，并且努力建立属于自己的安全感。

顺便再说一句，有时候缺乏安全感也并不完全是一件坏事，人生于忧患死于安乐，不安全感有时候也会成为我们上进的动力、无所畏惧的决心。

第四章

女人要的安全感到底是什么

1. 不焦虑，让自己感受到生活的美

对于女人来说，安全感是女人成长过程中逐渐丰盈强大的内心，是乐于敞开心扉、乐于接受自我、乐于接受新鲜事物的好心情，是不焦虑、不烦躁的闲适人生。一句话，安全感能让女人更好地感受生活的美。

那些认为自己生活不美好的人，一定是安全感匮乏的女人。

张冉对生活非常失望，她认为自己生活在不如意之中，相比别人的生活是那样黯淡。

在结婚之前，张冉可从来没有想过自己会过得不好：她找

到了一个非常爱自己的老公，老公工作稳定，家庭条件也很不错，张冉相信他们的生活会很幸福。但是结婚后她才发现，原来这一切都没有自己想象中的美好。

首先就是和老公及家里人生活习惯冲突，张冉是一个很喜欢干净的人，但老公是一个比较随性的人，婚前看着当然是很好的性格，可是随性到“不上进”“不拼事业”，这就让她很不满意了，看着闺蜜的丈夫升职，张冉更担心自己的丈夫了。

还有就是和家里的长辈之间观念和习惯的冲突，对于自己公婆的很多习惯张冉是看不惯的，比如婆婆对他们生活观念的评价，公公说话的语气等。她总觉得这是公婆对自己不满，而每次和丈夫沟通这些问题，丈夫总是随口说知道了，没有安慰也没有跟自己的父母沟通。

在这样的环境中生活久了，张冉发现自己变得非常焦虑，不但不愿意和朋友交流，还经常无缘无故地发脾气。

弗洛伊德认为：当个体所受到的刺激超过了本身控制和释

放能量的界限时，个体就会产生一种创伤感和不安全感，伴随这种创伤感和不安全感给个体带来的直接体验就是焦虑。

这句话最简单的理解就是，安全感匮乏导致的结果之一就是焦虑症的产生。

一个缺乏安全感的人，一个经常处于焦虑状态的人，通常很难感受到身边的人好的一面，也很难感受到别人的善意。因为焦虑，他们看什么事情都不顺眼，因此在与人相处时往往容易抓住别人的缺点不放，甚至将这些缺点无限放大。想一想，你身边是不是也有这样的人？

此外，一个人在不安全感产生的时候，他们的心中就会产生某种危险信号。接下来他们就会集中自己的大部分精力去解决这个问题，因此也就没有时间和精力去感受生活，生活质量因此而降低。

那么，我们怎样在生活中培育安全感呢？

心理学研究发现，女性是不是真正能够感受到安全感，是不是能够过上幸福的生活，和自己有多少钱，住多大的房子，有多高的社会地位并没有太大的关系。

很多中等生活水平的女人生活得很幸福，也有很多女富豪、女强人过得空虚压抑。所以，真正的安全感是心理问题，需要我们对自己的心理有一个正确的认识。

安全感在一定程度上依赖自我心理调适：如果在心理上我们认为自己是弱小的、无助的、对自己的人生无能为力的，那么内心的安全感就会降低；而如果我们在心理上认为自己是强大的，有能力掌控自己的生活，那么安全感就会提升，这是我们内心对自己的一种理解和认知。

一个具有安全感的女性，可以察觉自己的情绪，她们也愿意说出自己的感受，这样的做法有助于维持情绪稳定。而缺乏安全感的女人却做不到这一点，她们的情绪容易出现波动，很多时候自己也会卷入到情绪中去，这种情况当然是不好的，被情绪裹挟的人看问题只会更负面、更极端，因此我们要努力脱离这种情绪，这样才会有独立思考空间，才能更理性地面对自己的生活。

其实如果你在走出情绪影响后，再来看看自己在情绪中的思考就会发现，原来那些情绪中很多都是被自己夸大的或者歪曲的事实。

试着给予自己正确的暗示。我们在生活中可能都有这样的体会，当遇到难题的时候，我们会对自己说“生活太艰难了”，“人生真是没有一件顺心的事情”等，其实这些都是对自己的一些负面暗示，这些暗示对女性来说绝对会增加不安全感。

有人说我们每个人的心中都藏着两个人，一个是巨人，一个是小人。如果我们相信巨人，那么我们就会不断向前，努力奋斗；如果我们相信小人，就会萎靡不振，逐渐让自己走向平庸。

其实在女性心中，也有这样的两个“人”，一个是带给我们安全感的自信的自己，一个是带给我们不安全感的自卑的自己。

当我们相信第一个人的时候，安全感就会降临，当我们相信第二个人的时候，你就会被不安全感控制。

最后还要再说一句，作为女性，我们一直苦苦追求的“安全”“稳定”“确定”其实从来都不是绝对的，而是相对的。

人生必然会承受一定的风险和不确定性，当我们在心里承认这一点并且试着接受这一切的时候，你那些无根由的焦虑感就会消失，安全感得到提升，生活也就变得更加美好起来。

2. 给你去探索世界的勇气

蔡文胜曾经说过这样一句话：“‘富二代’创业更容易成功。”

很多人都认为，“富二代”之所以更容易成功，是因为他们拥有一个成功的老爸，有更多的钱，有更好的人脉资源，站在巨人的肩膀上当然容易成功。

其实除了这些因素，还有一个重要的原因，那就是他们在金钱和心理上会有双重的安全感。这种安全感让他们在创业的道路上，有更大的勇气去尝试，这样也就增加了成功的概率，因为他们有一个安全岛，那就是父辈准备留给他们的事业。

而现代社会中，很多人之所以不敢去追求自己的梦想，不敢去尝试，就是因为缺少了这样的安全感。

在我们这个时代，女性个人自我意识越来越强烈，现在的女人和以前的女人已经大不一样，她们已经不再是男人的附庸，她们有自己的个性，有自己的理想和奋斗目标。如果能再加上足够的安全感，她们就会拥有探索世界的勇气。

2015年4月14日早晨，一封只有10个字的辞职信被人放到了网络上，所有人都没有想到的是，这么简单的辞职信却迅速成了网络热点。

辞职信写的很简单，只有10个字："世界那么大，我想去看看。"

这是河南省实验中学的一名女心理教师的辞职信。辞职前，她已经在该学校任职11年之久，没有人知道当时她是出于什么样的心理才写下了这封极具情怀的辞职信，信中满满的洒脱和勇气让人羡慕不已。

很多人可能认为这个女老师真的很"任性"，还有更多的人羡慕和佩服女老师的勇气。而从心理学角度来讲，这位女教师之所以能写下这样一封辞职信，至少透露出了她内心中满溢的安全感。一个对自己生活没有期许，一个对自己的工作满含焦虑的人，是做不出这样的举动的。

我们发现，在现实社会中，具有安全感的女性大多有以下的这些特质。

首先她们有自信。如果我们对身边的人观察比较仔细，就会发现这样一个问题，一个有自信的女性和一个没有自信的女性，外在的表现上有很大的区别——一个意气飞扬、敢说敢干；一个总是怯生生的，一举一动谨慎保守。

我们说一个有安全感的女性，她对自己一定是自信的，她会乐于表现自己，整个人的气场都很强大，这样的女性不一定是美丽的，但一定是非常有魅力的，这样的人才可能有探索世界的勇气。而那些缺乏安全感的女性，总是卑怯地看着这个世界，生怕给别人添麻烦，生怕自己行动出格，这样又怎么能真正掌控自己的生活呢?

其次有安全感的人会为自己而活。有一个事实是，现在社会中很多女性朋友是为别人而活的。这么说并不夸张，想一想你身边是否也有这样的女性朋友，她们不管是在工作中还是在生活中，都没有自我，总是在按照别人的意志和意识去生活。逛街、看电影都要朋友陪，处理一件小事要找领导，是否买房子、跟谁结婚听父母的，做一个决定要听取所有朋友的意见……每天都在问“怎么办”，她们将自己的人生掌控权交给了别人。只有当别人给出了肯定答案以后自己才感觉合适，否则就会感觉特别不舒服。这就是没有安全感，这是活不出自己的一种典型表现。

还有一种情况是，很多女人结婚之后，就变成了“贤妻良母”，她们习惯将孩子和丈夫放在首位，把自己摆在并不重要的地方，在这种思想意识的影响下，女性逐渐丧失了自我。她们每天都在努力为家庭付出，成了“锅台转”，但是很多时候付出越多，就越容易被家人忽视，最终这些女性不但失去了自我，还失去了婚姻。其实作为女性来说，重视家庭是正确的，但是同时也不能忽视自己，一定要活出自己，这样才能在家庭和工作中有自己的一席之地。

也只有活出自己的女性，才会有安全感，才能去探索世界。

最后是重塑价值观。很多女性朋友可能觉得这种说法太空洞，价值观只是一种虚无缥缈的东西。如果抱持着这种想法，你就大错特错了，价值观对一个人的影响是非常大的，甚至可以决定我们的未来生活。

一个人的真正改变都是由内而外的，改变价值观尤为重要，作为女性我们一定要学会根据自身的实际情况进行人生价值的定位和调整，切忌盲目。最好的结果就是鱼与熊掌兼得，既做了我们喜欢的事情，又能成就我们。

对于女性来说，一定要努力培养自己的安全感，因为没有安全感的女性每天都会生活在各种恐慌和压力之中，所有的精力都消耗在如何解决这些问题上，是不会有勇气和时间去探索世界的。

所以安全感对于女性来说很重要，它是活出自己、实现自我的重要基础。

3. 让你一天天更喜欢自己

在我们身边有这样一群人，她们不喜欢别人，也不愿意和别人交往。更有甚者，她们连自己也不喜欢，对自己的所作所为完全不满意，其实这也是一种没安全感的表现。

我们先来看看小艾的故事。

小艾性格开朗活泼，手工做得好，爱玩爱笑，原本是一个很受欢迎的女孩子，身边的朋友也比较多，大家都比较喜欢她。可是在她毕业后签入一家大公司以后，一切都变得不一样了。

小艾在进入这家公司以后，经历的是很多职场新人经历的尴尬阶段——没有经验，被老员工使唤干杂活。在学校广受欢迎的情况，和现在每天被挑毛拣刺的待遇形成了巨大的落差，爱笑的小艾郁闷起来，她认为公司里面的人都不喜欢自己，一些老员工都会欺负人，故意把自己不愿意干的、比较琐碎的工作交给自己。自己完成以后，他们不但不感激自己，还会趁机挑毛病，甚至讽刺自己。

小艾觉得自己的气场完全和所有人合不来，公司里几乎就没有和自己合得来的人。平时公司同事聚会的时候，很少有人通知自己参加，总是这么排斥自己，她也不知道自己到底做错了什么。

有时候小艾想不去在意那些，只要自己过得潇洒一点就好了，不用去讨好他们，但是她根本做不到完全不在意。慢慢地，小艾开始讨厌自己，她每天如履薄冰，觉得自己一定是哪方面性格有问题。

案例中的小艾原本对自己还是很有信心的，但就是因为进入职场，在新人的尴尬阶段产生了一种错觉，认为所有人都针对自己，于是她变得不再自信，也慢慢地不再喜欢自己。一个自我厌恶的人，又怎么可能赢得别人的喜欢呢？于是小艾走入了一个恶性循环中。

当我们从心理学角度分析这件事，就会发现其中包含了一种安全感的变化：在自己的朋友身边，小艾之所以会喜欢自己，是因为朋友明显表现出的喜爱，让她获得了足够的安全感，她因此喜欢自己、肯定自己；而在进入新公司以后，周围同事对她的冷漠、不理睬，让她的安全感逐渐丧失，最终甚至对自己产生了怀疑。

心理学研究表明，人们发现了这样一个情况，在人与人的交往中，相比金钱和身体上的安全感，心理上的安全感会让我们感觉更加踏实，比如，我们会因为别人的夸奖和肯定而更加喜欢自己。

没有安全感的人与有安全感的人相比，在人际交往中他们的表现是不一样的。没有安全感的人更加容易受伤，举一个简单的例子：给别人发去一条信息，因为有事儿或者其他原因别人没有及时回复。这在我们的生活中比较常见，但是有安全感的人和没有安全感的人表现就是不一样的。有安全感的人会认为对方可能正在忙碌，一会儿可能就会有回复。即便对方之后没有回复，有安全感的人也会认为对方并不是故意的，可能是比较忙将这件事情忘记了。没有安全感的人则是另外一种表现，他们会认为自己被别人忽视了，解读为他们不喜欢自己了。在这种心理的暗示下他们会感叹自己做人失败，进而对自己的过往表现开始不满，最终变得越来越讨厌自己。

这就是有安全感的人和没有安全感的人的区别。

其实在人际交往中，我们完全没有必要不喜欢自己，因为任何人都有自己的一套择友标准，这个标准是具有强烈主观色彩的。所以你是不是被纳入到别人的关系中，很大程度上并不是你自己决定的，而是双方共同决定的。

从这一点看我们大可不必去强求别人接纳自己，更不必为了别人而改变。生活中，必然有人喜欢你，有人不喜欢，只要我们接受这一点就可以了。

著名笑星宋小宝在小品中说过一句话："不喜欢我的人多了，你算老几。"听到这句话的时候，很多人都哈哈一笑过去了，但是如果仔细回味一下，这句话还是有些道理的。

现在的很多人都习惯一种生活，那就是从别人那里得到肯定进而转化为自我肯定，但是这对我们来说并不是一个好的生活方式。因为我们过于注重别人对我们的评价，就是在向别人寻求安全感。

一个人过于在意别人就会压抑自己的想法，甚至会毁掉自己的梦想。我们就是一个独立的个体，过于在意别人只会让我们忽视自己的内心，忽视自我成长，你也会因此越来越不喜欢自己，这就是我们将安全感寄托于别人身上的危害。

这种在别人身上获得安全感的做法，一定会对我们造成损害。其实我们都是平凡人，谁也没有权力去决定别人的生活，但也没有必要让别人决定自己的生活。所以我们只要做好自己就好，这样我们才能活出自信，才能更加喜欢自己，才能获得自己梦寐以求的安全感。

4. 安全感是一种强大的守护力量

在我们的生活中，保护自己身边的人，保护自己的恋人，这仿佛是一个男人应该做的事情。社会中女人充当被保护的角色，男人充当保护者的角色似乎深入人心，也正是这种心理的存在，让很多女人认为被保护是应该的，没有得到这种保护就是不安全的。

其实现代社会中，女人真的不能甘于做一朵凌霄花，男人保护女人，女人也应该保护男人和自己的人生，这样的生活才是和谐的，做到了这一点，你的安全感也会越来越强，否则的话不仅会被不安全感控制，还容易伤害到身边的人。

我们来看一则案例。

乔伊是一个可爱又漂亮的女孩，学历高、家境好、工作好，典型的白富美，但是她认为自己在爱情方面非常不幸，爱情中她是如此卑微，但却总是受到来自另一方的伤害。

她的第一位男朋友出轨了，对象是自己的一个女性朋友；她的第二任男朋友也背叛了她，爱上了其他女人；现在她的第三任男朋友也和别人在一起了。

如果仅看上述情况，我们免不了为乔伊悲哀——三任男友都背叛了她，但是了解了她的生活以后，我们就会发现问题，乔伊本身也有一些问题。

乔伊和这些男人都属于自由恋爱，两个人相互吸引才走到了一起，每一段恋情开始的时候都很甜蜜：男朋友对她很好，爱护她、关心她、保护她，对她也非常忠诚，但是随着恋爱关系的深入就出现了问题。

乔伊总是在男朋友不注意时翻看他的手机，翻看男朋友的朋友圈，看他和谁互动得多，聊的是什么，总是不放心自己的男朋友。男朋友向她表示自己不喜欢别人翻看手机，因为这是自己隐私的一部分，乔伊马上就说他是因为心里有鬼才这样的，男朋友很无奈，为了证明自己是清白的，于是就任由她翻看，但是心里很不自在。

还有，乔伊是一个天性很柔弱的女孩，从小父母就非常宠爱她，现在她希望另一半能撑起她的生活。于是小到拧开饮料瓶盖，大到帮助她备考，每一件事她都希望男朋友能够帮忙。恋爱过程中，经常会有这样的场景出现：感冒了有点发烧的乔伊拼命给男友打电话，要求他放下工作，带她去医院；男友正在写策划案，乔伊把一本词典丢过来，要求男友陪她一起翻译一篇文章；出差中的男友突然接到乔伊的电话，电话一接通，乔伊就放声大哭，男友惊慌焦虑地问了半天才知道，原来是她的宠物猫吃完猫粮后吐了，乔伊要求男友尽快赶回来陪她去宠物医院……每次男友拒绝她的要求或者批评她的某些行为时，乔伊总会满眼含泪地反复追问："你是不是不爱我了？你是不是认识了别的女孩？你的那个女同学为什么总给你打电话，你肯定是为了她才对我这么不耐烦的！"

时间久了，男友也累了，乔伊觉得男友对自己态度越来越差，越来越敷衍，自己的不安全感也不断增加，两人因此不断争吵，双方身心疲惫，两个人就在这种争吵、怀疑、愤怒中艰难地生活。最终男友和其他女人在一起了。

案例中的乔伊可以说是一个非常没有安全感的女人，和男朋友在一起不管是查看手机，还是事事要求男友的照顾保护，都是没有安全感的一种表现。她需要男友不停地向自己证明他的爱情，即使是这样她仍然对自己的男朋友不信任。

这就是不安全感给身边的人带来的伤害。安全感让我们独立，让我们自信，我们知道每个人都有自己的生活，应该学着理解、学着接受，而不是把两个人拼命捆绑在一起，更不是对另一半提一些不合情理的要求，因为这样也会伤害到对方。

因此，作为一名女性，为了自己的幸福，也为了保护自己身边的人，要努力建立自己的安全感，让我们从现在开始就去正确地认识自己，慢慢地改变自己的错误心理和思维模式，做一个有安全感的人，这样才能保护身边的人，才能保护自己。

5. 安全感不能建立在别人身上

我们经常把安全感挂在嘴边，安全感是什么？

其实对于绝大多数的人来说，安全感就是一种美好的感觉，你相信自己能够做到一切，这种独立自由和不依赖的感觉，是其他任何东西都无法替代的。

刘梅和丈夫李亮过着两地分居的生活。

每次李亮回来，刘梅开始都特别高兴，接下来的时间两个人也过得简单快乐，而到了离别的时候刘梅就开始不安、恐慌，她甚至想李亮在外地做工程监理，会不会另外找女人，会不会已经背叛了她。于是，每次假期要结束的时候刘梅都会和李亮生气，将自己内心的不安转化为负面情绪进行发泄。

直到有一次，在刘梅哭泣的时候，李亮对她说：你还记得我们上大学刚谈恋爱的时候吗？你还记得我们结婚之前憧憬的幸福生活吗？

刘梅突然间想起了之前的事情，在结婚之前，他们就是想要彼此有一定空间而又简单快乐的生活。

但是现在李亮做到了，刘梅却完全忘记了之前说的话，她每天牢骚满腹，向外发泄的都是负能量，这已经让她变成了另一个人。想到这些，刘梅自己也吓一跳，她意识到自己不应该这样生活。

其实，刘梅自己也知道，丈夫是一个非常忠厚老实的人，他背叛自己的可能性很小，每次闹矛盾，主要还是自己因为担心而发泄情绪。她决定不能再这样下去了，丈夫的工作就是这样，常年在外面，如果总是疑神疑鬼，那么两个人最终就走不下去了。于是她努力改变自己的想法，让自己积极起来，把注意力放在自己的事业和生活上，整个过程很艰难，甚至有时候她考虑过放弃，但是最终她还是坚持了下来，现在的她自信而快乐，和丈夫的生活也和谐了很多。

其实没有人喜欢那种不安全感给自己带来的感觉，整天疑神疑鬼，自己都会讨厌自己。我们必须认识到，能够给我们持久安全感的其实只有我们自己，做不到这一点，你就永远也不能将自己解放出来，只能生活在别人的阴影中。

生活中，我们经常听到女人和男人就安全感进行争论，最终男人说“你说我怎么做，才能给你你要的安全感。”这是男人最大的困惑，也是女人最大的伤痛，因为男人的话对于女人来说证明了两点。

首先，男人不了解女人；其次，女人自己也不知道怎么去做，很多时候即使男人一次次发誓，也依然无法消除女人的不安。

关于这一点，我们可以给出答案：无论对男人来说还是对女人来说，将安全感完全寄托在别人的身上这本身就是一种错误，缘木求鱼当然是白费力气。即使偶尔别人给了你一定的安全感，也不会是恒久的，原因是他人的行为并不是你能控制得了的，而变化本身就会带来不安全感。

所以，作为独立的个体，我们需要的是基于自身的条件，建立真正属于自己的安全感。

第五章

“先有安全，后有感觉”的爱情

1. 爱得越深越没有安全感

爱情就是一个男人和一个女人的相遇、相恋、相爱再到执子之手，与子携老，在这一过程中，无论如何都不能缺少安全感，安全感是粘合剂，是安全绳，事实上安全感就是伴随感情关系而生的。而在这种关系中，往往是双方谁爱得深，谁就越没有安全感。

之所以会产生这样一种心理，是因为当一个人爱上另一个人的时候，内心就会产生一种占有的情绪，当这种情绪越来越浓的时候，他们就会产生一种对失去的恐惧，就是这种恐惧带来了极大的不安全感。

男孩A和女孩B是高中同班同学，学校对于早恋的监管非常严格，但就是在这样的情况下，两个人还是偷偷谈起了恋爱，但是这对他们来说并不是什么好事。两个人高考的成绩都不太理想，于是男生选了二本一个学校，去了另外一个城市，而女生则选择再奋斗一年，就这样两个人分手了。

在分开的这段时间，男孩耐不住寂寞找了一个新的女朋友，相处一段时间以后，男孩发现两个人在一起并不合适，于是他选择了分手。而一年后，女孩B也考到了男孩所在的城市，男孩和女孩重新相遇，顺理成章地再次走到了一起。

这一次，没有外界的干扰，没有高考的压力，但是也没有让他们幸福，原因是女孩变了。女孩变得容易生气，并且每次在生气的时候都会提到男孩的前任，不停地讽刺挖苦，男孩无奈只好每次好言相劝抚慰女孩。每次发现一点前女友在男孩生活中留下的痕迹——比如，之前两个人一起去爬过的山、看过的电影、两人共同认识的朋友等，女孩就会动雷霆之怒。

时间长了，男孩的内心也产生了委屈和不满，因为男孩认为当时两人已经分手，自己交女朋友是正常的，并不是什么罪大恶极。而女孩对此不依不饶好像男孩对她亏欠得太多了，于是慢慢地男孩就开始烦躁起来。

女孩其实还是深爱着男孩的，否则她也不会在第二次高考时选择报考这个城市的学校，但是她对男孩曾经交过女朋友这件事深深地感到恐慌，她害怕自己在男友心中不是独一无二的，不是不可替代的，每当发现前女友留下的痕迹，她就想男友会不会有什么想法。总之，她是害怕再次失去男友，于是就开始以闹的方式来排遣自己内心的恐惧。

其实我们是可以理解这个女孩的，对于她来说，男孩已经过去的那段感情，就是她内心中永远也放不下的痛，她的患得患失只是因为心中存在不安全感。但是我们也可以肯定，如果两人仍旧以这样的模式相处下去，分手就是一种必然。

从心理学角度来说，我们每个人都有自己对感情的“反应模型”，这种模型是在我们关系形成的初期，因为对照顾者的依恋而形成的。这种“反应模型”有两种表现形式。

第一种表现形式是正向的，积极的。在这种反应中，被照顾方会表现出自己的沉着和自信，而这种正向的反应带给被照顾者的就是安全感。

第二种表现形式则是负面的，所谓负面的就是给依恋者带来极大不良情绪的反应，这种充满了焦虑的依恋带给依恋者的就是极大的不安全感。

显然，在案例中的两个人建立的反应模型是第二种表现形式。

从心理学上分析，这种形成的“反应模型”是因为过去的力量形成的。而这种“反应模型”中的第二种影响，对恋爱中的人造成的影响是很大的，因为这会在潜意识中形成一种批评性的“过滤器”。

这种“过滤器”的作用就是，在发展成恋爱关系以后，爱得越深的一方会对一些问题比较敏感，经常会产生质疑。这种质疑是针对正向的质疑，也就是说，经过“过滤器”所有的信息都会向着负面发展，于是就会产生极大的不安全感。

这就是为什么在恋爱的关系中，爱得越深就会越没有安全感的原因。

其实我们在观察恋爱中双方的时候可能就会发现这样一种现象，在恋爱中不安全感表现强烈的一方，会给人一种无理取闹的感觉。其实这并不是他们在无理取闹，而是在他们的思维系统中，都被这种负面信息占据，那些积极的、正向的信息已经被过滤掉了，所以才会有这样的表现。

2. 男人的安全感是崇拜，女人的安全感是爱

在亲密关系中，付出感情的男女双方都会有一种特别的心理需求，这种心理需求就是安全感。虽然在我们的生活中，总是感觉到只有女人在亲密关系感情中需求安全感，而男人则几乎不需要，这是一种彻头彻尾的错觉，实际上男人也有这种需求。不同的是双方安全感的来源。

因为男人的安全感是崇拜，女人的安全感是爱。

我们先来说说男人的安全感——崇拜。

在一段亲密的感情关系中，男人最喜欢的另一半是一个能够听自己讲故事的人，并且能够不管听几次都能保持微笑、丝毫不会不耐烦的女人。一旦遇到这样的女人，一个男人就很难

拒绝了，因为她满足了男人的安全感需求。

比如，我们很多人都害怕蛇这种动物，而一个男人则不害怕蛇，那么他就会跟自己的妻子或者恋人说自己曾经抓蛇的经历。第一次听的时候可能会感受到惊心动魄，但是男人不会只讲这一次，他会继续讲，有机会就讲出来。

当然男人可能不会对着你一遍一遍地讲，但是一定会在一段时间以后，想起这件事情就讲一次；也可能不会专门对你讲，而是在和自己朋友聊天的时候对所有人说出这件事情。

男人为什么会这样?

这并不是他们记性不好忘记了，而是心理作用，男人就是通过这种方式来赢得崇拜，来获得安全感的。

如果你每次都能认真地倾听，并且或惊叹或赞美表现出一副崇拜的样子，男人就会因为这件小事儿得意。这种得意带来的是一种极大的心理满足，因为女人崇拜自己。

反过来说，如果男人在说这件事情的时候遭到了否定会怎么样？男人对于否定是非常在意的，于是他们会为了坚持自己的意见去争吵，这并不是他们不可理喻，而是在维护自己的心理满足，维护自己的安全感。

所以在一段感情之中，一个女人不停地对一个男人说“我爱你”，可能男人的感觉并不强烈。但是一个女人如果能表现出对男人的崇拜，男人一定会被这个女人所俘虏，因为她满足了他内心的安全感。

而女人就不是这样，女人的安全感满足更倾向于得到爱。

在女人的心里，能给她们安全感的是男人不断表达出爱或者与爱有关的肯定字眼。

这是怎样的一种情形？

比如，男人看到女人在看书，就突然盯着女人看，然后满脸认真地对她说：“我发现你在读书的时候，这种恬淡的表情真的好漂亮！”这时候女人可能会红着脸骂你一句“无聊”或者啐你一下，但是在内心她其实得到了极大的满足，安全感骤升。

没错，在亲密的关系中，女人需要的就是男人在这些方面对自己的照顾和肯定：在买饮料的时候对她说“知道你不喜欢带气的，所以给你买了果汁”，“我从买票窗口挤出来一眼就看到了你！一群年轻女生站在一起，也是你最亮眼”等。

我们会发现，这些话的表达方式虽然各不相同，但是其中都包含了爱的情绪，这些肯定的表达方式就是女生最需要的。可是在现实生活中，男人们往往做不到这些，因为传统的中国男人是没有那么细心的，这也是为什么近些年来，暖男越来越受欢迎。

男人眼中很多女人喜欢“无理取闹”或者“啰里啰唆”，其实都是因为女人缺少安全感，这样的行为其实是因为她们心理需要满足，而这种心理需求就是不断地证明对方是爱自己的，只有这样她们才能有安全感。

女人总是在不同的时间、不同的场合用不同的方式问男人爱不爱自己，并且乐此不疲。很多男人都不知道为什么，其实女人是在用这种方式来向自己证明男人是爱自己的，于是得到内心的安全感。

如果有一个男人，他能够明白你偶尔的任性就是为了让他更喜欢你，在你内心彷徨和不确定的时候能够对你说“不用担心，我爱你”，或者他们一直在用实际行动践行着对你的爱，那么这个男人就是你应该珍惜的人。

而如果你是一个女人，为了给你深爱的男人安全感，就要尽量表现出对他的崇拜，这样你们之间的亲密关系才能够更近；如果你是一个男人，就请不要吝惜自己的语言，勇敢一点对爱人表达出你的爱，这样对方才能从你这里获得安全感。

3. 没有安全感，你就是爱情中的乞丐

有一位培训师曾经说过这样一句话：我们每天都在用爱的名义谋杀自己孩子的天性。

为什么这么说呢?

因为很多时候很多事情并不是孩子自己愿意去做的，而是家长希望他们去做的。比如，家长因为自己学历不高就拼命地让自己的孩子好好学习，家长觉得学习钢琴不错就马上要求孩子去学钢琴。

他们从来都没有想过孩子是不是需要这些东西，并且每次在孩子表现出逆反的时候就痛心疾首地说孩子不懂事，他们这是在爱孩子，自己付出了那么多金钱和精力，孩子为什么就不

能体会到他们的良苦用心呢?

其实在爱情中，很多时候恋爱的男女也是这样的，他们每天都在用爱的名义来谋杀对方的安全感，然后向对方乞求更多的情感付出。

我们先来看一则故事。

有一天两个乞丐在一个破庙中相遇，晚上闲来无事就开始闲聊起来，很快他们就相见恨晚，关系变得十分亲密。

为了维持这种良好的关系，甲乞丐每天外出后都会将自己最喜欢吃的食物送给乙乞丐，他认为乙乞丐一定会感谢自己。所以在甲乞丐给乙乞丐食物的时候，总是希望能从乙乞丐的脸上看出兴奋的表情，希望乙能说出一句感恩的话语。

但是时间一天天过去了，甲乞丐的期望还是没有得到满足，甚至有时候甲乞丐在将自己喜爱的食物给乙乞丐的时候，乙还表现出一脸冷淡。这让甲乞丐很不高兴，但是为了能保证双方的和谐关系，甲还是忍了下来。

他希望乙乞丐可以改变，但是乙乞丐始终无动于衷。终于有一天，忍无可忍的甲乞丐爆发了，他将自己所有的不满都发泄了出来，对着乙乞丐破口大骂，认为乙不知好歹，只知道索取，从来都不曾付出。

而乙乞丐也不甘示弱，他认为甲在无理取闹，完全是没事找事，每天给他的东西自己根本就不爱吃，有什么了不起的。就这样两个人之间开始搞得非常不愉快，但是又不肯离开，只能这样赌气地在一起继续冷战。

在这个故事中，甲乞丐将自己认为最好吃的东西留给乙乞丐吃。这本来是一番好意，但是在乙看来，他给的食物并不好吃，自己只是勉强接受，而每天痛苦地吃下去也是为了维护两个人之间的友好关系。而甲乞丐还有一个心理就是希望得到乙乞丐的感激，在他的内心有十分强烈的祈求回报的愿望。当这种愿望不能得到满足的时候，他的内心就产生了不安全感，认为自己的付出没有回报，对方其实并不在意自己。

这两个人就是很多人感情生活的一个缩影：一方因为爱而将自己认为最好的东西都奉献了出去，而另一方却认为自己不得不接受，付出的一方就像乞丐一样希望得到对方的施舍，但是最终却没有得到回应。

爱情中的乞丐，是因为缺少安全感。

为什么这么说呢？在爱情中我们经常会看到，一个人对另一个人非常体贴照顾，但是最终这种体贴照顾对别人来说却成了一种负累。而付出的一方之所以会一副掏心掏肺的样子，往往是因为深爱着对方，害怕对方离去，这种不安全感就是付出行为潜在的动力。

可是越想得到就越会失去，偏偏你的行动却加剧了别人远离你的脚步。

从心理学的角度来看，一个人在做这些事情的时候，内心其实充斥着对于安全感的狂热追求。因为你希望得到对方的回应，希望通过对方的回应来确定自己的安全感，所以你去做了这些事情。

在这个时候你就像一个乞丐：你没有安全感，所以你就希望通过自己的付出得到别人的回应，在感情上得到安全。但是现实生活中往往却是另一种局面，那就是你拼命地付出，到头来别人不但不会接受，还会让你彻底失望，你的安全感也就彻底丧失了。

因此在感情中，我们要摆正自己的位置，爱是相互付出的，靠乞讨是得不到的，因此通过向对方乞讨爱情来获得自己的安全感根本行不通。

做任何事情，心态都要保持淡定和平衡，爱情中也一样。如果你希望两个人的爱情长长久久，那就诚心诚意地去做，你的付出是为了让自己心安，为了让自己满足，而不要希望从对方身上获得什么，也不要担心自己会失去什么。只有两个人都安下心来，认真地经营这段感情的时候，感情才最稳定，双方才不会成为“乞讨者”。

4. 对于双方来说，爱是一种安全的依赖

在感情生活中，双方在一起生活的时间长了，就会产生出一种依赖性。这种依赖可以分为两种情况，一种是生活中的依赖，而另一种就是感情上的依赖。

对于生活上的依赖我们很好理解。有一个女孩从小就是家中的小宝贝儿，家里人对她非常溺爱，从来不让她做家务。现在已经是三十几岁的人了还没有结婚，工作了还要母亲在身边照顾生活，给她做饭，陪她看电影，洗衣服、收拾房间都是妈妈帮忙，生活能力基本为零。

这个女孩就是典型的生活依赖型的人，自己完全没有生活能力，一切生活上的事情都需要别人来帮忙。这样的人其实很

危险，因为一旦生活上的支持者不在了，那么他们的生活将会陷入严重麻烦。

另一种类型就是感情上的依赖，相比于生活上的依赖，感情上的依赖则更加麻烦，因为生活上的依赖可能在被依赖者离开后自己成长，而感情上的依赖者，一旦失去依赖可能就会遭受重大打击，想要自己成长起来会是一个十分艰苦的过程。

现在社会上这样的人并不少见，他们在情感生活上习惯于围绕着一个人转。一旦这个人从他们的生活中抽离，他们的生活就会坍塌，而这对他们在情感上的打击非常巨大。

心理学研究发现，情感型依赖的人会没有底线地为别人进行盲目的付出，导致的直接后果就是失去自我。

盲目付出的人有很多表现，比如，对方比较喜欢熬夜玩游戏，自己虽然不喜欢，但是也会强迫自己和他一起去做；对方比较喜欢看足球比赛，为了能和对方有话题，就强迫自己也跟着看；对方喜欢哪个类型的人，自己就会向着这个类型的人转变……

其实对于爱情的双方来讲，就是一种安全依赖，不管是爱情中的男人，还是爱情中的女人，对于另一方都是一种安全的依赖。不要总是说女人依赖男人，男人对女人的依赖其实并不少，只是表现得不那么明显而已。

但是这种依赖要有一定的限度，过于依赖对方不但会失去自己，还会让对方感觉到不安，最终导致恶果。

我们来看一则案例。

一个男生和一个女生陷入了热恋中，男生喜欢女生的简单直白，女生喜欢男生的体贴入微。但是两个人交往一段时间以后，问题就出现了，女生选择了和男生分手，男生不明白自己如此细致地照顾她，她为什么还会选择离开自己。

女生说男生太粘人。

原来两个人刚开始在一起一切都很好，但是慢慢地女生发现男生对她的照顾已经超出了界限，甚至已经到了控制的地步。男生认为两个人在一起，就是在工作的空余时间都在一起，这才叫恋爱。

如果两个人没有在一起就需要视频通话，并且通话的时间不能低于半个小时，如果没有做到，男生就会感觉有问题。并且不管去哪里都需要电话报备，如果没有说一声就跟朋友出去逛街，被男生知道了就会很生气。

男生的占有欲望非常强烈，不能容忍女生和任何男人有一点亲密，甚至是多年的同学，只要聊得多一点男生也会生气。这种几乎不近情理的占有让女生感觉到窒息，她本身就不是一个喜欢受约束的人，遇到这样的人让她无可奈何。

女生不否认男生对自己的好，也不否认自己对于男生的喜爱，但是两个人在一起也要有自己的空间，并不是所有时间和所有事情都需要和对方说清楚。所以女生最终还是选择了离开。

其实这就是典型的感情依赖，男生随时随地都想和女生在一起，只要不在一起就会感受到恐慌、不安，进而会胡乱猜测。男生所表现出来的一切，证明他正在关心和爱的保护层中，是一个爱情的依赖者。

著名心理学家霍妮在进行依赖型人格分析的时候指出：对

亲近与归属有过分的渴求，在生活中会不断演变扭曲，这种渴求是强迫的、盲目的、非理性的，与真实的感情无关的。

其实在爱情中的两个人确实是安全的依赖，这是两个人维持良好关系的重要因素，但是这种依赖不能成为对方的负累，否则就是一种病态的依赖。为了爱情宁愿放弃自己的个人趣味，甚至放弃自己的人生观，想完全依靠对方，这种爱情是不可能长久的。

作为一个成年人，你的世界是可以自由选择的，并且我们需要为自己的选择承担责任，这种责任让我们不但需要保持生活上的独立，更要保持精神上的独立。只有不过分依赖、不抛弃自我，这样的爱情才能保持长久，也才值得我们珍惜。

5. 在爱中怎样才能获得安全感?

恋爱中的人，经常会表现出一些莫名的神经质，而这种神经质就是我们内心不安全感的表现。比如，当恋人看你的眼神中没有以前专注的时候，你就马上认为对方已经不爱你了；当对方没有马上接听电话的时候，你就认为对方肯定不在乎自己了。

对于爱情没有安全感是一件可怕的事情，如果不安全感过于严重甚至可能导致爱情的崩塌。那么我们怎样才能在爱情中获得安全感呢？我们最好能做到以下几点：

1.确保自己的独立性

丹尼尔・西格尔说："恋爱的目标是做一份水果沙拉，而不是融合在一起的思慕雪。”

这句话理解起来很简单，沙拉我们都吃过，不同的水果蔬菜放在一个盘子里，热闹缤纷，但是到底是什么材料我们一眼就能认出来；而思慕雪则不一样，它们融合在了一起，你中有我，我中有你，根本看不出来原材料都是什么。

其实不管我们怎么相爱，也不可能达到完全的融合，要想保持我们的恋爱关系，就一定更要保证有自己的独特性。我们不能为了融合而失去自己的独特性，否则就不再是自己了，每个人都能以让自己舒服的方式展现自我，两个人的关系才会更亲密。

2.不要表现出自己的焦虑

在恋爱关系中，焦虑是我们经常会出现的一种情绪，当这种情绪出现的时候，就是我们安全感降低的时候。一个人的安全感降低，就会出现破坏性行为，也更加容易嫉妒和攻击别人，这样就会使对方受到伤害。

其实翻看对方的短信，打电话确认对方在干什么等这些行为都是可以避免的，不管这些事情会让我们怎样焦虑。如果你能管控住自己的这些行为，经过一段时间就会发现，我们竟然变得强大了，慢慢地你就会发现双方已经变得越来越坦诚、默契，感情也渐入佳境。

因此，在交往中，我们不要总想着去改变对方，我们都是独立的个体，所以我们能改变的只有我们自己。其实从心理学角度来说，一个聪明的恋爱中人，考虑问题的时候不会想其他的，而是想怎样才不会将自己的恋人越推越远。

3.寻求保证也不一定就有安全感

很多人在爱情关系中没有安全感，于是就一味地要求对方保证对自己如何、将来一定会如何，好像这样才能让自己获得一点安全感。其实我们的这些不安全感，来源于我们自身，是我们的内心没有安全感，而不是别人不给我们安全感。

莫文蔚的一首歌中有这样一句歌词：“原来承诺只是没把握。”细细品来这句话还真有意思，那些海枯石烂的誓言能有几个走到最后的呢？是不是因为当时在潜意识中已经感觉到了问题的存在，为了对抗这种危机感才那么迫切地索取承诺？

我们要求对方的承诺，会成为对方的心理包袱，而不断叠加的承诺也容易让人倦怠，最终的结果就是让对方远离我们，因此不要一味地寻求保证。

4.不要总是评价对方

我们每个人都有自己看问题的态度，所以不要去评价另一方的行为，这一点在恋爱关系中是非常重要的。因为不管怎么样，世界上没有两片相同的叶子，所以也不可能有两个看法完全一样的人，不要强迫对方表达和我们一样的观点。

在恋爱过程中，我们需要找到的是一个珍惜自己、自己喜爱的人，所以千万不可陷入那种万事斤斤计较的怪圈。对方的所作所为对我们来说能不能接受不重要，重要的是两个人之间的关系是不是能得到良好的维持。

5.相互包容才会有安全感

包容是恋爱关系中必须存在的因素，舌头还有碰牙的时候呢，两个不同环境成长起来的人难免会发生冲突，有些是观念上的，有些是习惯性的。对这些冲突的处理就需要我们有一颗包容的心。没有谁能够在不包容的情况下处理好两个人之间的关系，而包容也是提升安全感的重要源泉。

6.全身心地投入到生活中

感情需要我们全身心的投入和经营，其实爱情中的人们都会体验到焦虑感，这种体验焦虑感是恋爱过程中的正常心理反应。当我们允许自己被爱的时候，就要学会去体会爱，感受爱，这样才能从中得到更多。恋爱中的焦虑感会阻碍我们投入其中，阻碍我们之间关系的发展，但是只要我们忍耐住，你就会发现自己得到得更多。

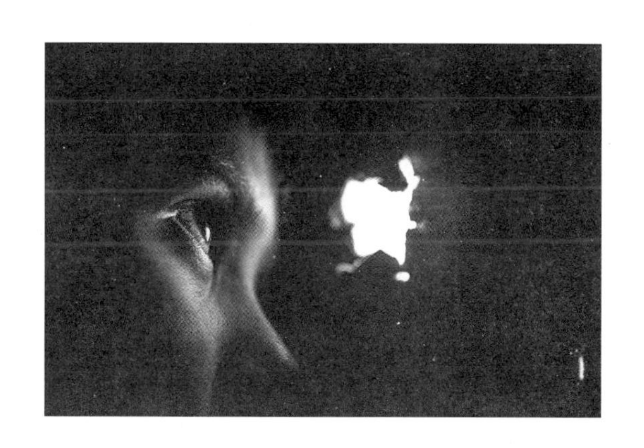

第六章

人际交往中你为何没有安全感

1. 自卑导致的安全感缺失

自卑是一种人人都可能存在的情感，是一种不能自主的和软弱的情感。一个人有了自卑感，就会倾向于给自己较低的评价，在心里认为自己无法赶上别人。

在心理学上，自卑是这样定义的：由于与合理规定标准或其他刺激物比较有差距，而产生了评价差异，进而导致的主观低落、悲伤等负面心理状态。

需要注意的是，自卑并不是一种完全负面的心理，因为自卑也有可能促进一个人走向正向和积极，关于这一点，心理学大师阿德勒在其代表作《自卑与超越》一书中曾经系统论证过。我们都知道，自卑会让一个人变得颓废，失去很多本来可以获得的成功机会，但是如果我们能够对自卑有充分的认识，那么也有可能超越自卑，让自卑心理成为把自己打造得更加优秀的力量。

当然，这并不是我们要论述的重点，本小节中，我们将让大家知道，自卑心理对一个人的安全感会产生怎样的负面影响。我们先来看一个小故事。

朋友A讲过这样一件事：有一次，生意场上的一群朋友在一起吃饭，其中有一个美女老板，她生意做得非常成功，是在座所有人中资金实力最雄厚的人。再加上她本人长得也非常漂亮，不论是气质还是气场都非常强，所以成了酒宴中最受瞩目的人。

就在大家都聊得非常高兴的时候，这个美女老板特别真诚地对大家说："哎，你们知道吗？在你们面前，我可自卑了，没有安全感。"当她说出这句话的时候，所有人都有点懵了，不知道如何回答她，第一反应是这个美女老板喝太多了，跟大家开玩笑呢。

美女老板确实有点喝多了，因为平时她是不会说这些话的，她接着说："我从小就学习不好，所以老师对我也不好，经常批评我。其实我特别佩服会写文章的人，因为在上学的时候我就怕写作文，有几次老师甚至把我的作文拿出来当反例读给同学听，我当时简直想找个地缝钻进去。我也没有考上大学，没上过大学是一种终身的遗憾，我是没办法才选择了自己创业。"

最后她有点不好意思地说："其实这些事情都在我心里很长时间了，特别压抑。每次你们谈天说地的时候我都会感到自卑，尽管后来也接触了不少东西，但是我的知识面肯定没有你们那么广，我不敢随意插嘴，害怕你们会笑话我。"

一个如此优秀的女性，不管是外貌还是自身实力都得到了别人的认可，但是她的内心深处居然隐藏着很大的自卑和不安全感，这着实让人震惊。

其实再成功的人也会自卑，内心也会存在不安全感。因此，请不要把你的自卑看得太严重，你只是需要调整心态而已。

在人际交往中，我们尤其要注意克服自卑心理，因为它对于正常人际交往会带来很大的损害。

1.自卑让你失去朋友

自卑者往往伴有害羞、内疚、胆怯、忧伤、失望等特殊的情绪体验，他们往往只知自己短处，不知自己长处，甘居人下，遇到困难、挫折往往出现焦虑、泄气、失望、颓丧的情感反应。在人际交往中，自卑者往往倾向于封闭自己，他们虽然有与人交往的美好愿望，但是内心总是缺乏安全感，习惯于否定自己、轻视自己，在社交中总是表现得没有主见，没有存在感，因此也很难赢得真正的朋友。

2.自卑让你失去幸福

在恋爱中，个人的自卑往往表现在个人对自我的爱情价值、能力和结果的负面评估，每当两个人出现点小问题，自己的不安全感就高涨起来，习惯于从消极的层面入手，自怜自艾。

王婷和刘军是一对情侣，两个人都是初恋，这让他们都分外珍惜这段感情。但是王婷总是对这段感情抱着怀疑的态度，她总担心刘军会因为别的女孩抛弃自己。因为在王婷看来，她的男朋友各方面条件都比自己好很多，尽管刘军对她非常好，但她总有一种不真实感，用她的话来说就是“像做梦一样”。

这种状态让王婷每日惶惶不安：一方面是自己的男朋友这么优秀，怎么就看上了自己，她甚至一度怀疑男朋友的眼光有问题；另一方面是害怕自己不够好，害怕失去男朋友，因为自己的条件一般，以后可能再也找不到这么优秀的人了。

两个人最终还是分开了，原因就是王婷心中深深的自卑感，直接导致了她一些神经质的行为，最终男朋友不堪忍受而离开。

我们可能会叹息，这个女人真的好傻，但是在现实的生活中，具有她这样心理的女性非常多。

其实人人都有自卑感，只是程度不同而已。在面对自卑的时候，我们可以选择两条路：

第一条，一直自卑地走下去，活在没有安全感的世界里，我们的生活将暗无天日。

第二条，突破自卑，让自卑成为奋进的武器，激励我们向前。

至于该如何选择，相信你的心中已经有了答案。

2. 童年的阴影影响了你的人际关系

很多人都错误地认为，一个人的人际关系是成年以后的事情，一个成年人处理不好自己的人际关系是他自己不够圆融、不够成熟。实际上，心理学研究发现，如果一个人在儿童时期具有强烈的不安全感，那么他成年后的人际关系也会受到影响。

我们先来看一则案例。

小亮从小就和自己的父母分离，是爷爷奶奶将他带大的，所以他是一个被父母忽视的孩子，父母最多一年回来看他一次，有的时候两三年不回来。爷爷奶奶年纪大了，对他的教育和管理简单而粗暴，在他们看来男孩就得管，只要孩子不变坏，就说明他们教育得很成功，因此只要遇到小亮表现不好的时候，爷爷奶奶就会对他进行指责和批评，严重的时候也会动手打他。

长期生长在这种环境中，小亮的内心早就发生了变化，他有很强的自卑感，而且在家里也束手束脚，因为动辄得咎，他不知道自己怎么做才是对的，而且因为爷爷曾经在他犯错时吓唬过他“再不听话，我们就把你赶出去，不要你了”，所以他很害怕真的被爷爷奶奶丢掉。小亮在学校里得到的评价是“老实”“孤僻”，没有人理解他，没有人愿意倾听他的心声，所以他关闭了自己的心扉。

在家中不愿意和爷爷奶奶交往，更不愿意和父母交流，在学校中也没有什么朋友，他很少跟人交谈。其实他的很多观点都超越这个年龄段的孩子，但是强烈的自卑感和不安全感让他不敢表达，害怕说错了自己会受到别人的批评和嘲笑。

好在小亮的学习成绩还不错，后来他考上了一个不错的大学，读计算机专业。毕业后成为一个IT男，每天上班下班两点一线。在别人眼中，沉默寡言的小亮不过是一枚典型的IT宅男，但是小亮自己知道自己是不同的。他的同事也不太擅长社交，可是他们还是有与人交往的意愿，小亮却总是想回避人群。一般IT男的朋友可能少一些，但总是有的，他却永远是孤孤单单的一个人，他的心门很早之前就已经关闭了。

这是一个悲哀的案例，小亮之所以无法与人正常交往，肇因就在于儿童时期的安全感缺失。心理大师阿德勒曾反复强调儿童时期对一个人一生的影响，认为对儿童的教育怎么重视都不过分，现在看来是非常有道理的。

那么，为什么儿童时期的不安全感会对成年后的人际关系产生这么大的影响呢？这里我们就要谈到儿童时期自我价值感的形成。

自我价值感是什么？

自我价值感是指一个人对自我重要性、能力、是否会成功等感觉的一种主观的情感体验。

其实自我价值是一种非常强烈的个体感受，当一个人的自我价值感强时，人表现出的各种欲望就是正常的、向上的；但是一个人自我价值弱或者没有的时候，这个人就会表现出放弃自己、无所事事、觉得生活没有意义，甚至更为极端的人会放弃自己的生命。

一个人稳定的情绪往往就来自于这个人稳定的自我价值感，因为这种稳定的自我价值感会让个人对自己的评价保持稳定，一般不会受到外界或者他人的影响。

相反，如果一个人自我价值感低，在遇到事情的时候情绪波动就会比较大，他们往往在遇到事情的时候容易怀疑自己，非常担心自己会在哪里做得不好，在与人相处的时候，往往会选择退缩、封闭自己。

这里还有一个矛盾的事实：自我价值感低的人通常会对自己有更高的期望，但是这种期望对于他们来说是很难达到的，于是他们又会反过来开始自责，这样就造成了自我价值感更低。

现代社会的竞争日益激烈，很多家长都要求孩子能达到自己的目标，于是他们对孩子施加各种压力。同时他们认为，自己对孩子的关注很多，对孩子的生活也非常关心，内心是爱孩子的。

但是这些家长犯下了一个致命的错误，那就是总会盯着孩子的不足之处，当孩子的表现不能达到自己的期望时，就会将之前的原则抛诸脑后，开始指责、惩罚孩子，于是孩子的幼小心灵就会出现应激反应。

孩子没有自己独立的思维模式，在家长的指责中，他们会认为一切都是自己的错，是自己不够好，所以家长才会这样说自己。因此家长的这种教育实际上是在侵蚀孩子的自信心和自尊心，当孩子的自信和自尊都降低以后，就必然会影响到交往。

小孩子在自我否定以后，会出现两种不同的反应。第一种，孩子会产生畏惧情绪，这种情绪会让孩子在交往中显得胆小懦弱。因为他们不管做什么都会小心翼翼，害怕自己犯错误而受到指责；第二种，孩子会产生逆反心理，表现在行为上就是孩子开始和父母对着干，他们开始不按照父母的规划走，出现打架、惹事等行为。这是他们在受到指责后的一种发泄，也是孩子的一种自我保护机制。

但是不管是哪种反应，最终都会影响到孩子的成长，更会影响到未来人际关系的建立。

一个孩子的正常成长，不仅仅需要物质上的满足，更需要精神上的指导，在孩子内心出现失落和彷徨的时候，需要有人能给他们以支持和指引。只有这样，孩子才能健康地成长，才能在未来理顺关系，建立正常的人际关系圈。

3. 给自己和别人一点自由的空间

心理学家做过这样一个实验，在一个图书馆的大阅览室中，里面只有一个学生在阅读，于是心理学家就走到这个学生的旁边挨着坐下来。虽然心理学家没有做什么，只是挨着他看书，但是这还是引起了对方的不安。过了一会儿，学生就收拾东西离开了。

在实验的100人当中，76%的人都无法忍受在一个偌大的空间内，两个人靠得非常近，所以他们选择了默默离开，到别的地方继续学习。而其中还有一些人，会带着敌意地问实验者："你想干什么？"

这项实验表明，每个人都需要有自己的空间，这个空间是自我把握的，是一片自己的领域。当这个空间被别人侵犯的时候，人们就会马上表现出不舒服、不安全感，甚至有时候会恼怒起来。

所以不管对我们还是对别人来说，留出一点空间很重要。

那么，在人际交往中我们怎样才能给自己和他人留出空间、找到安全感呢?

1.让自己的生活有秩序

现在，很多年轻人的生活自理能力确实不太好，不管是家里还是办公区域，很多时候都是乱糟糟的。很多人可能会觉得，这只是个人生活习惯问题，事实上这种混乱的生活对我们的心理造成的伤害是非常大的。在一个脏乱差的环境中，一个人的内心就会出现焦虑和烦躁的情绪，心绪不稳就会造成我们安全感的缺失，所以说建立良好的生活秩序还是很有必要的。

2.不与他人进行比较

现在的人都喜欢攀比，看到别人家有了房子，自己还没有，就开始着急；看到别人买了车子，自己还没有买又是一番着急……总之不管是在哪方面，甚至是上卫生间使用的纸都有人会攀比，看谁用的纸更好。

攀比就是不安全感的来源之一。

因为我们生活在社会中，总会有人比我们过得好，比我们长得漂亮，比我们优秀。所以只要我们比较，就会发现问题，就会找到自己不如别人的地方，于是这就成为我们痛苦的来源，我们的不安全感也因此而一步步加深。

其实我们都是生活在社会中的个体，每个人都有自己的特性，所以我们没有必要和别人这么攀比。虽然在一些方面我们不如他们，但是在很多方面我们还是要比其他人强的，所以不要去攀比，只要做好自己就可以了。这就是在心理上给我们自己留一些空间。

3.有自己良好的关系圈

我们生活在社会中，称自己为社会人，是因为我们和社会以及社会上的人有千丝万缕的联系。我们虽然需要空间，但是我们不能只沉醉于自己的狭小空间，应该学会建立一个正常的关系圈。

因为在建立安全感的道路上，我们需要这些亲人和朋友的帮助，虽然他们无法直接给我们安全感，但是却能帮助我们消除孤独感。内心的孤独减少了，安全感自然也就增加了，所以，朋友是我们建立安全感的重要元素。

4.不被外界裹挟，给心灵一些空间

现代社会的人们，太容易被外界所裹挟，过于在乎外物的人，是不会有安全感的。比如我们结婚，就必须要有婚纱照、房子、车子、戒指等，一旦无法马上完成，就会对关系产生严重影响。

我们给对方一些空间，其实就是在给自己留下空间，属于个人的空间能够带给我们一定的安全感，这样我们就能在这个不安的世界里建立属于自己的安全感，我们也能为自己而活，而不是被世界裹挟着前进。

安全感的建立绝非一日之功，我们可以从给自己和身边的人留一些私人空间开始。

4. 人际间的信任出现了问题

信任是人际交往的基础，有信任才有安全感，没有信任安全感就无从谈起。

当前社会正处在一个急速发展变化的时期，社会的转型给我们带来了很多问题，其中一个很严重的问题就是信任危机，而这种信任危机造成的最大伤害就是大众群体安全感的流失。

有这样一则新闻。

2013年11月，在四川达州，3个孩子扶起摔倒的老人后被指肇事并遭索赔。其间，老人的家人曾背着老人找到其中一名孩子家并住下，“扬言不赔医药费老人就不走”。此后双方又前往司法所寻求调解，在调解不成的情况下，孩子家长最终被强行要走1100元。

11月22日，达州警方调查后称，受伤老人蒋某系自己摔倒，蒋某及其子龚某的行为属于敲诈勒索。对蒋某给予行政拘留7日的处罚（因年满70周岁，依法决定不予执行），同时对龚某给予行政拘留10日并处罚款500元的处罚。

而对于警方的处理，蒋某及家人坚称是孩子撞倒了老人，表示将申请复议。为了自证清白，蒋某不仅以“全家死绝”来赌咒，还在前来采访的记者面前“下跪喊冤”，但是在警方查明的事实面前，这些行为都显得那么苍白无力。

这是我们在网上浏览的负面新闻中比较有代表性的一个，我们忍不住会问“这个社会到底怎么了？”为什么好心做好事，却遭到了诽谤和诬陷，如果没有能调查清楚这件事情，那么好人是不是就会蒙受冤屈？类似的事情不断见诸报端，老人依旧在摔倒，但是愿意伸出援手施救的人则越来越少。之所以会变得越来越少，是因为没有安全感。这种安全感的缺失，是因为在我们这个社会，人与人之间的信任产生了危机。

之所以出现这种情况，首先是因为整体社会大环境的影响。

前文中我们已经提到了，现在的社会出现了一种信任危机，而造成这种信任危机的原因则是多方面的，比如前文案例中提到的“扶老人”事件等。

从心理学的角度分析，这种扶老人却被讹诈的事件，首先就会引起人们的同情和厌恶之心。之后就会想到，如果是我遇到这种情况应该怎么办?

在想到了这些问题以后，就会产生一种畏惧心理，这种畏惧心理才是最可怕的，因为畏惧心理会制造不安全感，不安全感则会直接影响到一个人的行为。

其次是曾经受到伤害。

身体上的伤害会随着时间的推移越来越浅，但是心理上的伤害则会虽则时间的伤害越来越深。

张伟是个热情开朗的人，上学的时候朋友很多，毕业后走入了职场，老邻居们发现张伟不像以前那样喜欢呼朋引伴了，大家认为是年龄大了懂得奔事业了，只有张伟自己知道根本不是这么回事儿。

工作后，张伟发现人际交往学问还真深。和同事一起去吃饭，热情的张伟主动付账，大家都表示了感谢；下一次一起吃饭的时候，同事表示忘记带钱了，仍然是张伟付账，下一次又是如此。同事的销售业绩不够，于是就跟张伟商量，从张伟这里转两单，张伟帮忙了。有一个月，张伟的任务没达标，于是与那位同事商量借单的事儿，结果对方说：我这个月的单数正好能拿到优良奖，给你的话损失就大了，下次你不够时再说吧。

还有毕业后，他发现同学也变了，高中时期的一个老同学，因为买车向他开口借钱，说好一年后还，尽管工作没多久，自己也没有多少积蓄，张伟还是倾囊而出。但是一年后同学却压根没提钱的事儿，好像忘记了一样。一次，急用钱的张伟在微信上问同学能不能先把钱还回来，结果同学的回答让他的心都凉了：你小子还能缺钱啊，这么点钱你也好意思张口要，就当哥们儿结婚你给包的礼金吧！

这样的事情相信很多人都在生活中碰到过，一次两次还好，次数多了每个人都会受到伤害，慢慢地就会对人际关系变得冷漠，安全感降低，不愿意再那么真诚待人。再比如，在感情中多次受到伤害的人，也往往会选择不再相信感情，他们会偏激地认为所有的感情都是假的，没有真情的存在。之所以有这样的认识，就是因为这个人受到的伤害太多，已经没有安全感可言。

在这两个原因的综合作用下，我们的安全感迅速降低，而我们也知道人与人之间的关系形成，是不可能缺少信任的存在的，相互之间没有了信任，就永远是疏离的陌生人。

而恋爱也是这样，两个人从开始相识到最终走在一起，其实就是信任一步步加深的过程，信任会给我们带来安全感，它告诉我们“这个人是可以托付终身的”。如果两个人之间连最基本的信任都没有，那么恐怕连普通朋友都做不了，更别提恋人了。

5. 性格不独立造成安全感缺失

性格不独立的人社会上有很多，它是指个人在处理问题的过程中没有主见，容易盲目跟从，随波逐流，不能自己做决定。一个人连自主都做不到，也就没有可能靠自己获得安全感了，这一点我们在前文中也曾提到过一些。

李女士从小就被妈妈说“耳朵软”，她是一个没有主见的人，总是非常在意别人的意见，而自己却总是拿不定主意，这种性格最终导致自己生活混乱、身心俱疲。

李女士和朋友一起去逛商场，看到一件衣服非常漂亮，于是就到试衣间换上，她认为很漂亮值得买。但是朋友说她穿上不是很好，因为颜色和她不是很搭配，而且李女士穿这件衣服有点“装嫩”，李女士马上就犹豫了，最终还是没有买。

逛了一天后，李女士买了一件朋友推荐的衣服，但是在她的内心中，并不认为这件衣服是适合自己的，可是朋友给了意见，自己又拿不定主意，她还是买了这件。这件衣服回到家中就被塞进了整理箱里，从来没穿过。

这只是她生活中的一个小片段，像这样的事情经常发生在她的生活中。

李女士的驾照终于考下来了，丈夫决定给她买辆车作为礼物。两个人经过很长时间的商量终于选中了一款车，但是在和朋友说起来的时候，朋友对她说买这款车不合适她，底大杠会掉，网上都曝光过。

回去后和丈夫说了这件事，丈夫对她说只要自己看中就好，但是李女士还是非常担心，没办法两个人又重新挑选了一辆车。但是另外一个朋友又说：你们应该买辆七座车，这样才实用，将来带老人孩子出去玩也方便。李女士又动摇了。

当她再次和丈夫说起此事以后，丈夫显得非常生气，说她没有主见，不应该这样人云亦云的。被指责的李女士也很生气，和丈夫之间爆发了一场争吵，好几天都不说话。

案例中李女士就是一个没有主见的人，在心理学上认为她是一个没有独立性格的人。从案例中我们就能很明显地看出来，不管自己心里是怎么想的，有什么样的决定，只要别人有意见，她马上就变得犹豫起来了。

我们的生活中这样的人非常常见，最明显的表现就是他们自己虽然有意见，但是却不能坚持自己的意见。这样的人有一个最大的特点，就是害怕别人说自己的不对，只要别人反对马上就会认为自己是错误的。

好像别人说的都是对的，自己的决定都是错误的。倾听别人的意见这本没有错，但是将别人的意见完全当成对的这就是一种错误，因为别人是站在自己的立场考虑问题的，他们的立场可能并不适合我们。

从心理学上说这种性格是由于内心缺乏安全感造成的。也许这种性格的人自己没有意识到，他们一方面不自信，总会怀疑自己的决定；另一方面非常缺乏安全感，他们那么快就倾向于别人的意见，其实潜意识中他们是在讨好对方，希望与对方建立密切的关系。

这样的人生活不混乱是不可能的。要想改变这种生活，就需要从改变自己开始。

1.要相信自己

在人与人的关系中，我们应该相信别人，这是没有错的，但是需要注意的是，我们不能毫无保留地信任别人，关于自己的事情，别人的意见只能是参考，我们更加应该相信自己的意见和判断。

原因很简单，别人说什么，是他们站在自己的角度对问题的看法，而我们的意见则是站在自己角度的，而且很多时候我们对于自己的情况比别人更为了解。就从这一点看，可能我们的意见要比别人的意见更加适合自己，当然我们不能因此教条了。

相信自己是我们改变的第一步，只有相信了自己，才会获得安全感。如果我们连自己都不相信，别人说的意见我们都听，别人给我们的意见那么多，我们根本就不知道应该怎样做出决策。到最后无所适从，还谈什么安全感。

2.坚持屏蔽别人的干扰

在这个社会上生活，不管我们做什么，别人都会有不同的意见，没有哪件事情是别人没有意见的。所以面对这种情况，如果我们一味地听从别人的意见，到最后是不可能做出任何决策的，恐怕还会患上选择恐惧症。

所以要想获得安全感，我们一定要学会屏蔽别人对我们的干扰，同时还要学会甄别信息。因为你只有能甄别哪些意见是对我们有利的，才能将不利信息排除在外，最终才能为我们做出正确决策提供正确依据。总之，一个性格不独立的人一定是一个没有安全感的人，因为在面对困难的时候他们不知道应该怎么办，这种不确定和不知道就是不安全感的最大来源。我们一定要注意培养自己的独立性格，以此来提升自己的安全感。

第七章

掌控生活，建立我们想要的安全感

1. 安全感是个人发展的基础

说起来这是一件很痛苦的事情：我们生活的事情充满了不安全感、不确定感，而作为个人我们却要努力建立起安全感的屏障，这样做是为了让我们可以以一个稳定的心态面对一切，让自己能够均衡成长，把个人的时间和精力用来获取想要的成功。

我们说一个人要想有所发展，必须要有安全感，那么，如果没有安全感会怎样呢？我们可能产生不信任，可能产生恐惧，可能产生神经质，最后我们的精力都消耗在了无尽的紧张及一直保持好斗或防卫的状态上。

有这样一个案例可以给我们一些启示。

李琦是个很有能力的年轻人，认识他的很多人都这么说。这个年轻人书法绘画很好，会民乐，英语口语很棒，作为算法工程师，他的专业能力也无可指摘。

可是李琦在公司过的并不好。

他总是觉得同事和领导都在针对他，作为一个善于思考的理工男，他相信这并不是自己的错觉。李琦当然也不会白白地让人“欺负”，每次发生矛盾，他都会狠狠地怼回去，因此，李琦在公司的人缘很差，有的女同事甚至在背后偷偷议论他是“好斗的公鸡”“荷尔蒙过剩”，这让李琦既愤怒又无奈。

其实李琦也不愿意做孤家寡人，他何尝不想像其他人一样，同事之间有说有笑，周末还能约着一起出去玩。但是他的性格就是有点敏感，越觉得别人针对他，他就越焦躁不安，他越是表现得焦躁不安，别人越是远离他，现在已经成了一个恶性循环，他也无力回天了。

最近，公司给若干名工程师提级，有两个还是晚于李琦进公司的入选了，很遗憾李琦没有入选。这让他非常愤怒，他相信是领导给他穿了小鞋，他打算递辞呈了，尽管他也觉得有点可惜，因为现在的公司无论在规模、经营状况和行业前景上，都是发展事业的上上之选。

在现实生活中像李琦这样的人也不少，很多时候不是别人挡了他们的路，而是他们把自己的路越走越窄。他们不知道应该怎样和别人交往，甚至不会和别人交往，内心充满了不安全感。

这样的人在社会上很难有什么良好的发展前途，因为在内心深处，他们非常缺乏安全感，于是就把过多的精力用来防卫，这对于个人发展当然是不利的。

那么，为什么安全感有助于个人发展和自我提升呢？我们可以从三个方面来分析一下原因：

1.安全感让你更好地感受生活

心理学研究表明：安全感被打破以后，导致的最直接结果是焦虑感的产生。

在现实生活中，一个处于高度焦虑情绪中的人，是不可能感受到生活中的友善和美好的。因为我们在这个时候所感受到的是生活中给我们带来的焦虑，即便有美好和友善的存在，我们也不可能感受得到。

如果将人比作一个能量体，那么我们内部的能量应该是守恒的，一旦不安全感降临，我们就需要集中能量去对付不安全感，来处理不安全感带来的负面效应，这样我们身体的各种能力都会降低，无法感受生活中的其他部分。

2.安全感给我们勇气

安全感会给我们带来很多负面情绪，其中最主要的一种就是恐惧，当你的内心被恐惧填满以后，勇气就消失得无影无踪了。想一想，一个整天怕东怕西的人又能取得什么成就呢?

之前看过一个电视节目，节目中的女人嫌弃男人软弱，尤其是在面对自己妈妈的时候，更是软弱到了无以复加的地步。他的妈妈说什么就是什么，他完全听从，不敢有半点反抗，甚至连说话的声音大一点都做不到。

反观他的妈妈，看上去就是一个非常强势的人，说话的时候气势汹汹，不仅声音很大，而且气势很强。当人们都在谴责男人软弱的时候，我们却能看出，在他妈妈高压下生活了几十年，在他的内心之中充满了恐惧，而这种对妈妈的恐惧逐渐被他带到了生活之中。

所以才会出现他老婆抱怨的那样，不敢和别人交往，不敢和别人大声说话，不敢和别人正视，不敢有自己的思想。从根源来说，这个男人已经彻底地失去了安全感，他不知道应该怎样生活，应该怎样走出恐惧，所以才不会有勇气。

只有有了安全感，他才有可能会反抗，去赶走恐惧，重新开始自己的生活。

3.安全感有助于培养自信

一个自信的人能从自己身上找到无数个优点，而一个自卑的人看自己处处都是缺点。于是自信的人做什么事情都理直气壮，带着一种“舍我其谁”的豪气；而自卑的人做什么事都先想别人会不会嘲笑自己，最后到手的机会也会飞掉。

拥有安全感，我们就能积极地展现自己的智慧和能力，这一定是一个受人欢迎的正面特质。不仅能够实现自我成长，周围的人也会愿意给你更多支持。

2. 安全感可以净化一个人的内心

安全感已经成为一个时代的话题，当我们没有安全感的时候就会陷入悲伤、恐惧、烦躁、困惑、焦虑等情绪之中。而一个拥有安全感的人，是不会被这些负面情绪所包围的，他会拥有一颗纯净的内心。

这个社会让我们感受的不安全因素越来越多，直接导致安全感的缺失。

中央电视台某著名主持人微博中有这样一个消息：“一个北京的工程师同事是个拿数字说话的人，他先自费购入PM2.5检测仪，并意识到了开窗的巨大风险。又买了一个二氧化碳检测仪，并意识到了不开窗的巨大风险。为解决两难困境，购入空气净化器，随后发现吸附式净化器的副作用——臭氧的风险。然后购入血氧检测仪确定自己是否处于亚健康。”

这个人让我想起了初中课本中那篇《装在套子里的人》，不管什么时候都要将自己包裹起来，这样才会有安全感。比如，上面微博中所说的北京雾霾问题，一方面确实是因为环境污染严重，另一方面是因为我们的内心已经发生了变化。我们这颗被不安全感包围的内心，已经无法保持原来的纯净了。

生活在现代社会的我们，在享受现代科技和社会发展成果的同时，也生活在巨大的不安之中，我们对外界的害怕已经贯穿在生活的各个环节之中。

食品安全问题、环境问题、看病难、买房难、生活压力过大、生活成本升高……

这些社会问题让我们成为一个命运共同体，忧心忡忡成为生活的组成部分，在不断追求安全的过程中我们失去了太多的安全感。与其说不确定性导致了我们的不理性，不如说不确定性导致了我们内心的变化。

以奶粉为例。

当年的三鹿奶粉爆发三聚氰胺事件，由此开始了人们对国产奶粉的担忧，国产奶粉的信誉直线下降。越来越多的人开始在心里盘算下一代的奶粉问题，于是出现了越来越多的不可思议的事情。

人们开始从国外大量抢购奶粉，直接导致了国外奶粉的限购，英国开始限制顾客购买奶粉的数量，香港开始严厉管控奶粉……之所以造成这种局面就是我们开始对国产奶粉不信任，当这种不信任深入内心以后，我们的心理就发生了变化。

而更为可怕的是，这些不安全感让人们的内心没有了依靠，于是钱就成了人们追求的目标。人们认为这些不安全感就是没有钱造成的，当这种想法占据内心以后，整个社会开始了对金钱的崇拜。

但是钱真的能带给我们安全感吗？恐怕并不能够。诺贝尔经济学奖得主、美国普林斯顿大学心理学教授Daniel Kahneman研究发现：人在不确定条件下进行的判断和决策常常是非理性的。

其实追求钱就是一种非理性的大众决策，因为在这个世界上有太多的东西是金钱无法购买的，比如健康、亲情、友谊、纯净的心灵等，都是金钱无法买到的，社会整体环境如此，要想追求安全感我们只有改变自己。

因为我们无力改变这个社会，我们需要在这里生活，我们在不断地追求安全感，所以我们需要改变自己。面对真正的自己，努力去生活才是我们获得安全感的途径，我们的内心才能得到净化。

如果愿意，我们可以尝试着去做这些事情。

如果感到不开心，可以在生活中去寻找自己感兴趣的事情。

如果你觉得自己现在已经疲倦了，不妨就放下手中的事情，好好睡眠与休息，不去想太多，让自己安静下来。

如果你感觉现在很烦躁，那就是时候冷静一下了，学会使用自然的心态去看待和解决问题，你会发现结果可能有很大不同。

如果现在的你已经开始麻木，没有什么能引起你的兴趣，那就出去走走，到一个风景优美的地方，只要是场地够开阔，心情能够放松。

如果你很想说出自己的心里话，发现居然没有能聊天的人，那么不妨自己将这些话记下来，或者在网上发个帖子谈一谈。

如果你遇到了困难、委屈，那么请不要自己强行支撑，因为身边还有很多人愿意帮助你，只要你愿意张开口。

如果我们容易被诱惑，不妨在心里问问到底想要什么，面前的这一切是不是真正值得我们不顾一切地去追寻，可能你就会发现它们根本就构不成对你的诱惑。

……

我们对于安全感追求的脚步从来就没有停止过，但是真正能得到安全感的人少之又少，于是人们纷纷感叹安全感难以追寻。

实际上安全感就在我们的心里，当我们的心灵得到了净化，你就会发现隐藏在重重迷雾下的安全感自然就出现了。

3. 更好地融入社会需要安全感

作为生活在社会中的人，也只有在社会中我们才能展现自己的价值，才能够实现自己的目标。一旦我们脱离了社会，将无法做任何事情，而且很可能会成为一个“白日梦想家”。

一个女孩从小就在一个很糟糕的家庭环境中长大：父亲是一个非常暴躁的人，不管做什么事都很强势，动辄打骂指责；而母亲则是一个性格懦弱的人，逆来顺受，每当父亲发脾气的时候母亲总是躲起来或者直接离家出走。

在这种环境下成长起来的女孩严重缺乏安全感，但是她认为自己并不憎恨父母，因为父亲就是这样一个人，她根本无法改变；母亲已经很可怜了，总是扮演受欺负的角色，所以也不能恨她。

但是让她真的放下却不可能，因为她也渴望有一个美好的家庭，为什么别人的父亲那么慈爱，为什么别人的母亲总是能保护自己的孩子。当她发现自己既无法像其他孩子一样得到父母的宠爱，又无法真正放弃这个家庭的时候，内心充满了恐惧和不安，她开始逃避，不愿意与人交往，担心别人知道她家庭的真实情况，会轻视她。就这样，她离人群越来越远，最终她认为整个社会都抛弃了自己，于是选择结束自己的生命。

这是一个悲伤的故事，女孩从小的生活环境让她整个人都没有安全感，而这种安全感的缺失导致的后果就是女孩无法和别人正常交往，无法融入社会。最终她认为世界已经放弃了她，其实是她放弃了这个世界。

心理学研究已经明确指出，安全感缺失的人有逃避人群的特征，而这种特征导致他们在与人交往中出现障碍。社会是由人组成的，不愿意与人交往也就很难融入这个社会，其实这也是他们心理不成熟的表现。

如果我们现在有点缺少安全感，但是又渴望融入社会，那么应该怎么做呢?

1.要学会接受现实

其实我们都明白这个道理：当现实出现在我们面前的时候，我们已经无法改变了，而面对既成事实我们只有两种处理方式，一种是接受，一种是逃避。

当选择逃避的时候，就是我们心理向着不好方向发展的时候，因为逃避会加重你的不安全感，它其实是在向你暗示“你根本做不到”，这种不安全感会影响到我们对事实的判断和处理，而当处理的时候出现问题，我们自然就会难以融入社会之中。

如果我们选择了面对现实，首先就应该正视现实中的问题，其实这也是我们处理事情的第一步。只有我们正视现实，才能做到接受现实，才能根据当前的实际情况想出最好的对策，进而解决现实中的问题。

因此，我们在面对现实的时候一定要学会接受，因为接受是我们融入社会的第一步。

2.拥有独立的判断

前文已经说过，独立的判断是一个人心理成熟的标志。

在我们幼年时期，都经历过这样的事情，父母会告诫我们“谁谁家的孩子是好孩子，他学习很好，你要多向他学习”，“谁谁家的孩子比较顽皮，每天不好好学习，你要离他远点”，听了这些话以后我们就会形成判断，谁是好孩子，谁是坏孩子。

我们再来分析一下，这样的判断其实并不是一种真正的判断，因为我们的判断是基于父母的判断。他们首先判断出了谁好谁坏，并且将他们的判断灌输给我们，所以才有了我们后来的判断。

所以说这时候我们的心理是不成熟的。

当我们成年以后，对于一个人好坏的判断就不再轻易地以别人的意见为标准，比如说，当一个同事跟你说某人是好人或者某人是坏人的时候，我们并不会别人说什么就是什么，而是会根据自己所看到的事实来判断这个人是好人还是坏人。

这时候我们就形成了自己独立的判断，这时候我们的心理就开始变得成熟起来。

3.基于现实解决问题

当我们已经能够正视社会现实，并且已经有了自己独立的判断以后，就可以根据现实解决这些问题。当我们具备解决问题能力的时候，我们就已经开始更好地融入到社会中去了。

基于现实解决问题是一种能力，很多时候并不容易做到，但是我们如果想更好地融入到当前社会中去，就必须要掌握好这种能力。因为只有将我们面对的问题解决了，前边的道路才是畅通的，而我们心里的安全感才会上升。

4. 学会运用自己的勇气和力量

安全感不是别人给的，是我们自己给自己的。

一个人要想获得安全感，就要学会掌控自己、学会运用自己的勇气和力量，这样安全感才能重新回到我们身边。

那么我们要怎样运用自己的勇气和力量呢？

1.影响我们的潜意识

潜意识顾名思义就是我们思维中潜在的一种意识，这种意识我们平时感觉不到，但是却发挥着至关重要的作用。因为潜意识在很大程度上控制的是我们内心的力量，是通过我们身体的沟通网络来传递信息的。

潜意识有几个主要的作用，首要作用是潜意识需要保证我们能够生存。

当我们面对恐惧、焦虑、失落、害怕等负面情绪的时候，如果已经到了我们自己无法掌控的地步，那么潜意识就会主动接管局面，它会开启保护机制，让我们免受伤害。

小A上个月出了一次小小的车祸——骑电动车时因为一时分神撞到了路边的树。她的一只手肘因此流血受伤，还为此跟公司请了两天假，伤好后小A再次骑电动车上班，结果她发现自己变笨了：拐弯时、人多的地方，她就会变得慌张，方向不稳，控制不住地想要下车推着走。几次以后，她干脆放弃了骑车上班，每天改乘地铁了。小A不是车祸后变笨了，也不是骑车技术下降了，只是她的潜意识发挥了作用——骑电动车被潜意识判定为不可控的危险行为。

这也是为什么强调要注重调整潜意识，因为它可以帮助我们解决很多难题。

在我们追求成功的过程中，预先想清楚自己一定会遇到各种艰难和挑战，所以当这些问题真正出现在我们面前的时候，我们才能够冷静下想办法解决问题，而不是因为强大的压力而骤然失去安全感。接下来潜意识能够激发出我们内在的力量，让我们不至于因为困难而气馁、退缩。

2.学会控制自己的内心情绪

心理学研究表明，人的情绪是在思维之前被触发的，也就是说情绪是无意识的，可能在我们还没有反应之前就已经爆发了。

比如，我们对某人明显很反感，看到他们出现在我们面前就会不自然地出现抵触情绪，而这种情绪就是无意识的。你要问自己为什么这么讨厌他，可能自己一时间也说不出来，但就是见到人以后的瞬间情绪爆发。再比如，你最近总是打不起精神，一想起工作就烦躁，每天早上一再拖延出门时间，工作上的各种问题也懒得处理，总是想再拖一拖。这些情绪背后可能存在这样的事实：你近段时间在工作中遇到了很多麻烦，领导对你也表现出一丝丝不满，你一下子失去了安全感，觉得自己随时可能会被辞退。

这种情绪的爆发起到限制我们勇气和力量的作用，因此我们必须要学会控制自己的情绪，而这种情绪的控制则需要我们进行有针对性的心态调整。

一个拥有勇气和力量的人，在面对恐惧、焦虑、烦躁等负面情绪的时候，会以积极的态度去处理，这种积极的态度对于我们获得安全感也会有很大帮助。

5. 将自己抽离出来会更好

俗话说“旁观者清”，当我们身处一件事情之中的时候，很多想法其实都是错误的，但是我们自己很难发现，只有旁观的人才能看出其中的问题。比如，我们没有安全感，是因为太在意安全感，总是想方设法地想得到安全感，越是没有越是焦虑，越是焦虑越是得不到安全感，于是我们就深陷其中苦苦挣扎。如果我们能抽离自己的情绪，用旁观者的角度看待自己的问题，反而会更容易获得安全感。

张薇今年33岁了，在一家广告公司做会计，工作普通、容貌普通、家境普通，她身上还有一个标签“大龄剩女”。

张薇性格是很随和的，总能在生活中发现乐趣。在前几年她一直觉得自己生活得很好，一个人自得其乐，但是最近两年她却忍不住焦虑起来：单位聚餐、同学聚会中，大家一再问及结婚的问题；有一个小房子，每个月要还大笔房贷；身上的肥肉越来越多，在菜市场中，几次被满脸胡子的菜贩子叫“大姐”；每天浑浑噩噩，没有目标，没有方向，好像只是在混日子……她开始为自己的未来担心起来：公司不景气，如果倒闭了怎么办，怎么还房贷？越来越胖，以后是不是总要被人当大妈了？因为没有碰到合适的，一直没结婚，同事会不会认为自己是个怪人……一段时间下来，张薇总是皱着眉头，拉长着脸，满腹心事的样子。

直到有一天，闺蜜点醒了她：你知道我是怎么看你的吗？你很有生活情趣，即使只有一个人，也把生活过得很舒服；你有个小房子，尽管还要还贷款，可是那是你自己的家；你的工作很稳定，而且会计岗位越有经验越值钱，你可以一辈子吃这碗饭；说到容貌身材，这些又不是不可以改变，办个健身卡或者自己跑跑步，从网上找个瘦身帖学一学都行。真不知道你一天到晚都在愁什么，你这样还没有安全感，那让我怎么活！

张薇豁然开朗，她发现自己之前其实是钻进牛角尖了，焦虑的情绪让她只能看到消极的一面，而抽离了这种情绪后，她发现目前的生活正是她想要的！

生活中我们也是这样：我们对某个人、某件事情没有安全感，是因为我们身处其中，参与其中，不能想到更好的方式和办法去处理，所以才会没有安全感。

如果我们能用一个旁观者的态度去看待问题，就会发现我们之前担心的很多事情、我们认为非常不好的事情其实并没有什么，也远没有我们想象中的那么复杂，相反我们都能很好地处理。

因此，生活中我们要学会做一个旁观者，不管处在什么样的事情和局势当中，学会将胜败看的淡一些，这样才能享受其中的惬意。不要一心算计，总是想从中得到什么，这样的算计可能让我们失去得更多。

当我们去专注于算计的时候，我们的内心就已经开始出现偏差了，这时候产生焦虑、恐惧、烦躁等情绪是必然的。当这些负面情绪出现的时候，我们就会发现自己的安全感也随着消失了，不安全感随之降临。世界上的事情很多就是这个样子，当我们沉迷其中苦苦追寻的时候，不但难以得到，还会深陷其中，无法自拔。

抽离情绪会使你变得更理性更客观，也有助于你保持平常心，你会发现原来自己的担心、烦躁的事情，其实并没有那么严重，不安全感只不过是我们心理上的失衡。而一旦抽离出来，看清楚了，也就没有那么艰难了，安全感也会随之而来。